手工坊轻松学编织必备教程系列

# 跟阿瑛轻松学钩针
## 实例详解篇

阿 瑛/编

中国纺织出版社

# 内 容 提 要

本书共收集了20款漂亮实用的钩针作品，从简单的宝宝鞋、发饰等进阶到儿童毛衣及成人毛衣，全书结合了详细的编织步骤与图解花样说明，并运用了从下往上织或从上往下织等各种款式的编织教程，让初学者学起来更轻松，更有趣！

## 图书在版编目（CIP）数据

跟阿瑛轻松学钩针实例详解篇 / 阿瑛编. — 北京：中国纺织出版社，2018.9

（手工坊.轻松学编织必备教程系列）

ISBN 978-7-5180-5278-3

Ⅰ．①跟… Ⅱ．①阿… Ⅲ．①钩针—编织—图集 Ⅳ．①TS935.521-64

中国版本图书馆CIP数据核字（2018）第176413号

| | |
|---|---|
| 责任编辑：刘 茸 | 责任印制：储志伟 |
| 编　委：刘 欢 黄 婷 | 封面设计：盛小静 |

中国纺织出版社出版发行
地址：北京市朝阳区百子湾东里A407号楼　　邮政编码：100124
销售电话：010-67004416　传真：010-87155801
http://www.c-textilep.com
E-mail:faxing@c-textilep.com
长沙鸿发印务实业有限公司印刷　　各地新华书店经销
2018年9月第1版第1次印刷
开本：889×1194　1/16　印张：7
字数：100千字　定价：34.8元

# Contents

粉色花边宝宝鞋

编织方法见

第 005 页

# 粉色花边宝宝鞋

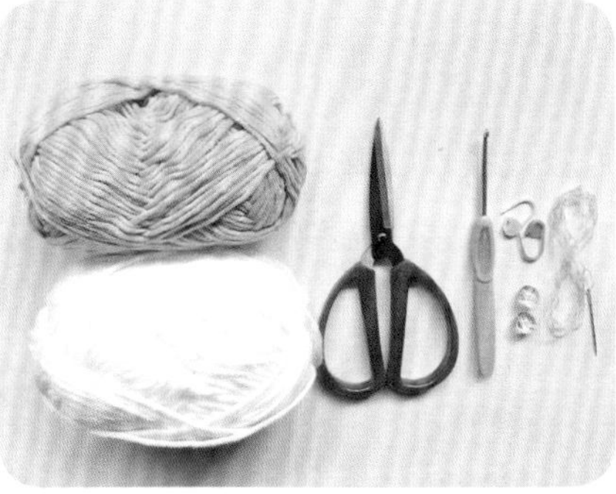

**材料：**
中细棉线 粉色、白色各 50g

**工具：**
2.5mm 钩针、剪刀、记号扣、纽扣、缝合针

**成品尺寸：**
鞋长 11cm、鞋宽 6cm

**编织方法：**

①起 12 针锁针开始钩鞋底。

②在第 5 圈处开始钩鞋面。

③第 8 圈处开始钩鞋襻。

④主体钩完以后换白色线钩花边。

## 结构花样图

### 鞋底花样编织

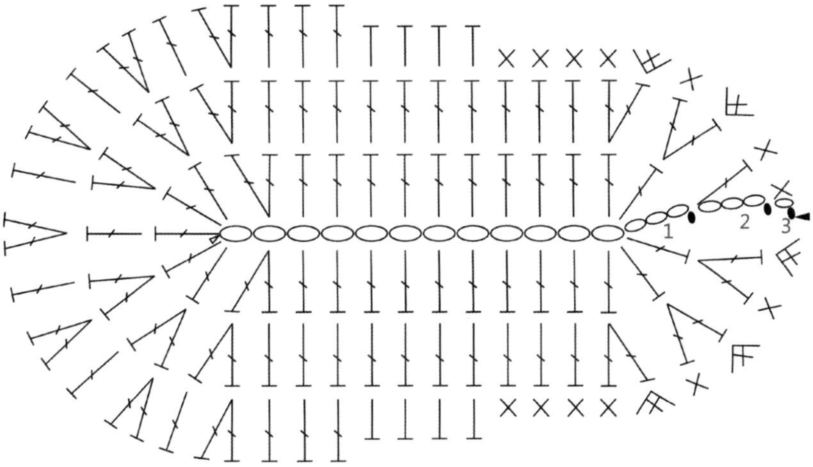

1
2
3


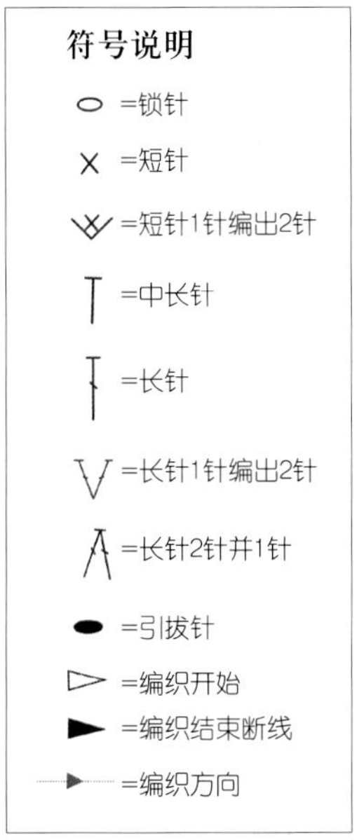

符号说明
=锁针
=短针
=短针1针编出2针
=中长针
=长针
=长针1针编出2针
=长针2针并1针
=引拔针
=编织开始
=编织结束断线
=编织方向


### 白色花边花样编织

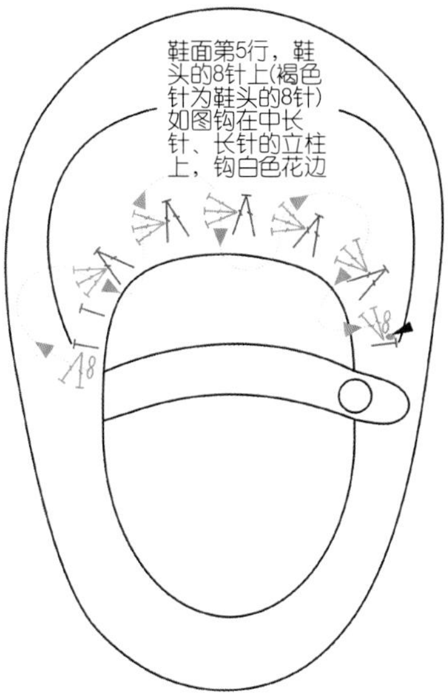

鞋面第5行，鞋头的8针上(褐色针为鞋头的8针)如图钩在中长针、长针的立柱上，钩白色花边


### 结构图

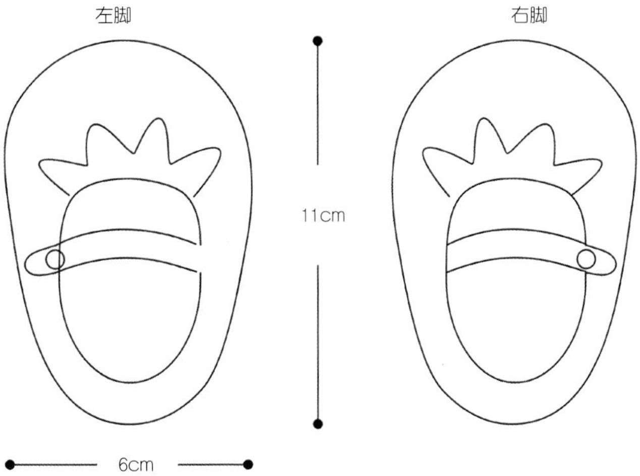

左脚
右脚
11cm
6cm

粉色花边宝宝鞋

## 鞋帮、鞋襻花样编织

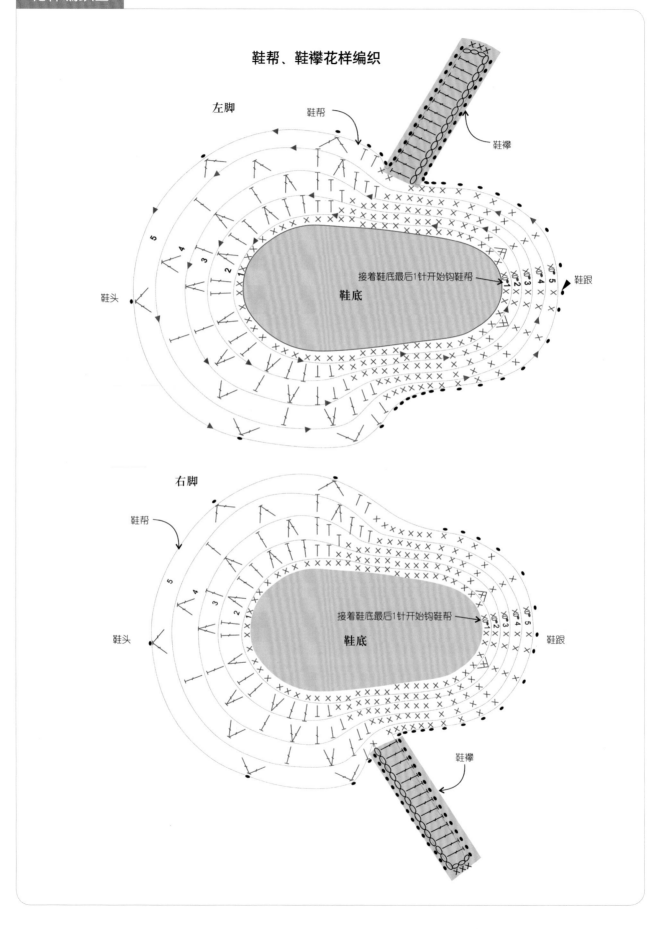

左脚

鞋帮

鞋襻

鞋头

鞋底

接着鞋底最后1针开始钩鞋帮

鞋跟

右脚

鞋帮

鞋头

鞋底

接着鞋底最后1针开始钩鞋帮

鞋跟

鞋襻

## 鞋底

### 第1圈

1 锁针起12针，作为鞋底中心线，开始钩织。

2 如图所示，锁3针起立针，接着钩2针长针。

3 继续钩9针长针。

4 在转弯处最边端的同1针锁针里钩出9针长针，这样就成了圆弧形。

5 顺着方向在另一侧继续钩9针长针。

6 在边端同1锁针里再钩3针长针。

### 第2圈

7 在第2圈的开始处锁3针立针，再如图所示钩15针长针，其中有2针是加出的长针。

8 钩至第2圈的转弯处，连着钩3次长针1针编出2针、再钩1针长针。

9 顺着方向再钩1针长针、连着3次钩长针1针编出2针，如图所示继续钩完第2圈。

## 第 3 圈

**10** 第 3 圈开始处锁 1 针立针，接着钩 11 针短针，其中有 2 针是加出的短针，再钩 4 针中长针、3 针长针。

**11** 接着钩 20 针长针，其中有 7 针是加出的长针。

**12** 继续钩 3 针长针、4 针中长针、4 针短针。

### 鞋面
### 第 4 圈

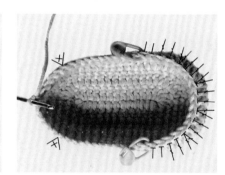

### 鞋面
### 第 5 圈

**13** 如图所示钩 8 针短针，其中有 3 针是加出的短针。

**14** 第 1 圈不加、不减钩 1 圈短针，图为钩完这圈短针后的状态，四周微微向上立起。

**15** 鞋跟部分都钩织短针，在鞋跟两侧各减 1 针，鞋头部分用记号扣标记出 22 针，如图所示编织。

## 第 6 圈

## 第 7 圈

### 鞋襻
### 起针行

**16** 鞋跟不加、不减钩织短针，鞋头从记号扣标记的部分开始按图所示编织。

**17** 鞋跟部分不加、不减钩织短针，鞋头部分从记号扣开始按图所示编织。

**18** 鞋跟部分不加不减针钩织短针，钩至中间位置钩 15 针锁针作为右脚的鞋襻。

第1行

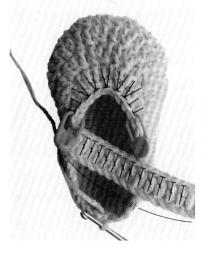

**19** 钩完 15 针锁针，继续锁 3 针立针，接着钩 15 针长针，在记号扣的位置按图所示编织。

第2行

**20** 最后再钩 1 行引拨针，断线藏好线头。

**左脚**（左脚的前半部分编织方法与右脚相同，只是鞋襻开的方向与右脚不一致，左脚开在右侧，具体钩织方法如图所示。）

- 鞋帮部分：鞋跟部分不加不减针钩织短针，鞋头部分在左侧记号扣标记处按照图解所示钩织，然后钩 15 针辫子针作为鞋襻。

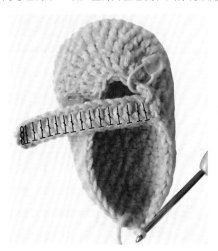

- 鞋襻：在 15 针辫子上锁 3 针辫子作为立针，再钩长针形成鞋带。

**右脚白色花边部分**

**21** 换白色线，从左侧第 1 个中长针的针圈内钩 2 针锁针、2 针长针。

**22** 然后将鞋子顺时针旋转，在下 1 个长针 2 针并 1 针的其中 1 个长针针圈内钩 3 针长针。

**23** 再将鞋子逆时针旋转，在下 1 个长针 2 针并 1 针的其中 1 个长针针圈内钩 3 针长针，重复此步骤，钩完鞋头的花边。

绿色高帮宝宝鞋

编织方法见

第 011 页

## 绿色高帮宝宝鞋

**材料：**
中细棉线绿色 50g、白色少许

**工具：**
2.5mm 钩针、剪刀、记号扣、纽扣、
缝合针

**成品尺寸：**
鞋长 11cm、鞋宽 6.5cm、鞋深
7.5cm

**编织方法：**
①起 12 针锁针开始编织鞋底 3 圈，
接着钩鞋帮。

②鞋帮共钩 6 圈，开始钩鞋舌，鞋
舌共钩 9 行短针。

③鞋舌结束后继续钩高帮和鞋襻。

④鞋子钩完以后换白色线钩花边，
钉上纽扣，结束。

### 结构花样图

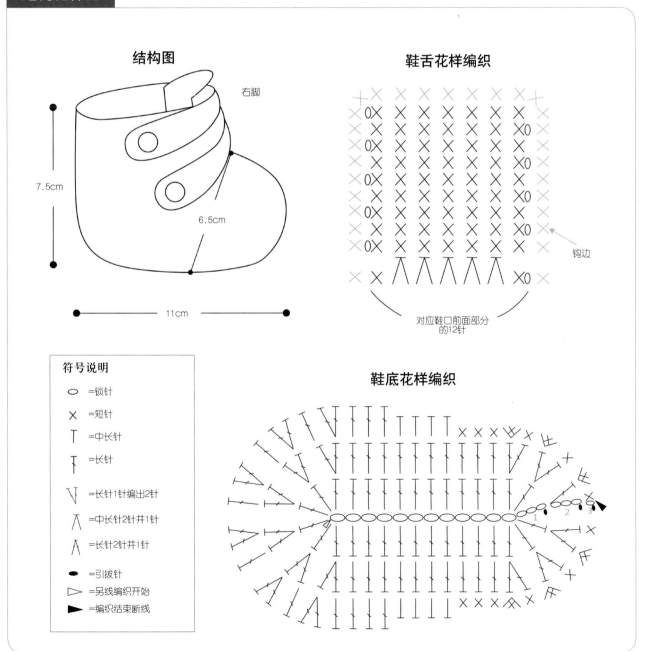

**结构图**

右脚

7.5cm

6.5cm

11cm

**鞋舌花样编织**

钩边

对应鞋口前面部分
的 12 针

**鞋底花样编织**

**符号说明**

- ⊖ =锁针
- × =短针
- ⊤ =中长针
- ⊤ =长针
- ↗ =长针1针编出2针
- ⋀ =中长针2针并1针
- ⋀ =长针2针并1针
- ● =引拔针
- ▷ =另线编织开始
- ► =编织结束断线

## 鞋帮、鞋头、鞋襻花样编织

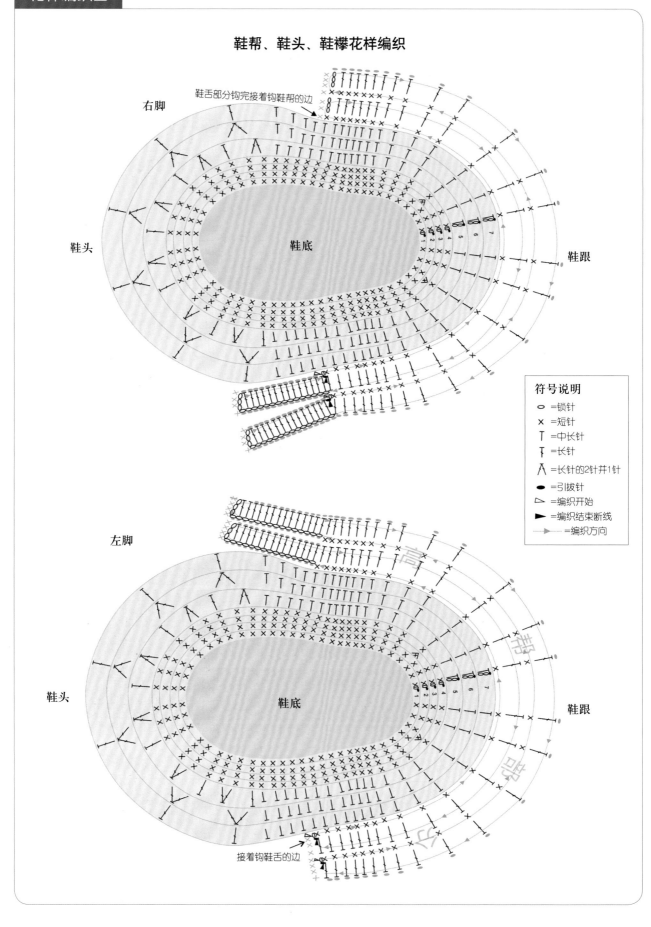

右脚

鞋舌部分钩完接着钩鞋帮的边

鞋头

鞋底

鞋跟

左脚

鞋头

鞋底

鞋跟

接着钩鞋舌的边

**符号说明**

○ =锁针
× =短针
T =中长针
Ŧ =长针
人 =长针的2针并1针
● =引拔针
▷ =编织开始
► =编织结束断线
⋯⋯▶ =编织方向

## 鞋底
### 第1圈

**1** 锁针起 12 针，作为鞋底中心线。

**2** 如图所示，锁 3 针起立针，接着钩 2 针长针。

**3** 继续钩 10 针长针。

**4** 在转弯处最边端的同 1 针锁针内钩出 6 针长针，这样就成了圆弧形。

**5** 顺着方向在另一侧又继续钩 10 针长针。

**6** 在边端同 1 锁针内钩出 3 针长针。

### 第2圈

**7** 在行的开始处锁 3 针起立针，再如图所示钩 15 针长针，其中有 2 针是加出的长针。

**8** 顺着方向钩长针 1 针编出 2 针，重复 6 次共加出 6 针。

**9** 接着钩 10 针长针、长针 1 针编出 2 针重复 3 次，共钩 16 针，完成第 2 圈。

**第3圈**

10 第3圈开始处锁1针起立针，接着钩9针短针，其中有3针是加出的短针。

11 继续钩3针短针、4针中长针、3针长针。

12 接着组合"长针1针编出2针、1针长针"共钩6组。

## 鞋底
### 鞋帮第1~2圈

13 再钩3针长针、4针中长针、3针短针。

14 钩组合"短针1针编出2针、1针短针"，共钩3组，完成第3圈的编织。

15 鞋帮第1、2圈不加不减针钩2圈短针。

**第3圈**

16 整圈钩织短针，在鞋跟两侧各减1针。

**第4圈**

17 不加不减针钩织1圈短针。鞋跟钩中长针，并在鞋身的中间位置2侧各减1针，鞋头从记号扣标记的部分开始，按符号图所示编织。

**第5圈**

18 鞋跟部分不加、不减钩织中长针，鞋头部分从记号扣开始，按符号图所示编织。

## 第6圈

**19** 鞋跟部分不加不减针钩织中长针，鞋头在记号扣处钩6针长针，鞋身完成，断线。

## 鞋舌

**20** 在鞋头位置留出12针按图钩织。

**21** 不加、减针钩7针短针。

**22** 继续往上不加、减针钩8行短针，断线。

## 高帮

**23** 高帮部分往返钩织，先钩1行短针，鞋舌两侧各留1针不钩。

**24** 第2行钩1行长针。

## 鞋襻

**25** 钩完长针后，再钩15针锁针作为鞋襻的起针行。

26 接着在 15 针锁针上钩长针把鞋带加宽，引拔断线。

27 用记号扣标记好，开始下一个步骤的编织。

28 在刚才标了记号扣的位置向鞋帮的另一侧钩 15 针锁针。

29 接着再钩 1 行长针。

30 钩完长针引拔结束，断线，另 1 根鞋襻也完成了。

## 左脚高帮、鞋襻

1 整圈钩织短针，在鞋跟两侧各减 1 针。

2 不加、不减钩织 1 圈短针。鞋跟钩中长针，并在鞋身的中间位置 2 侧各减 1 针，鞋头从记号扣标记的部分开始，按符号图所示编织。

3 鞋跟部分不加、不减钩织中长针，鞋头部分从记号扣开始，按图所示编织。

4 在行开始处锁 1 针立针，接着钩 9 针短针，其中有 3 针是加出的短针。

5 继续钩 3 针短针、4 针中长针、3 针长针。

6 接着钩 18 针长针，其中有 6 针是加出的长针。

## 白色花边部分

1 换白色线，开始钩边，钩引拔针。

2 如图箭头方向所示，沿边缘钩白色花边。

3 图为白色花边完成的状态。

4 断线，结束。

5 完成。

## Lesson 3

立体心形发圈 & 发蕾丝夹

编织方法见

第 019 页

# 立体心形发圈

**材料：**

中细棉线 粉色、黄色、浅绿色、枚红色、茶色、薄荷色各少量，发圈

**工具：**

3.0mm 钩针、缝针

**成品尺寸：**

心形长 4.5cm、宽 12cm

**编织方法：**

① 心形顶部共 2 个中心环。环形起 6 针短针，每 1 针里加 1 针共 12 针，断线，继续同样的方法再钩织另 1 个中心环。

② 顶部第 2 个钩完后不断线，继续钩织第 3 圈的一边（6 针），连着钩第 1 个上的第 3 圈（12 针），接着钩第 2 个上另 1 边的 6 针，两个顶部中心环的合并完成后 1 圈共 24 针。

③ 第 4、第 5 圈不加不减钩 24 针，接着换绿色线钩，继续钩 2 圈不加不减，24 针。

④ 第 8 圈钩 2 短针、2 短针并 1 针，重复 6 次，共减掉 6 针，之后不加不减钩 1 圈。第 10 圈与第 8 圈方法相同，共减掉 6 针。

⑤ 断线，线稍微留长点穿入缝针将最后剩的 6 针只挑外半针，将线拉紧，线头藏好。

## 结构花样图

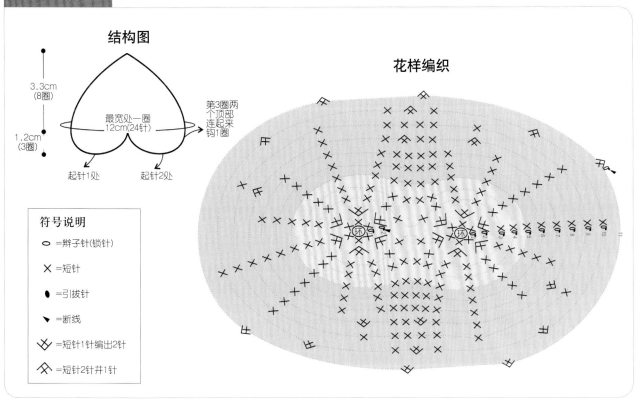

**结构图**

3.3cm
（8圈）

1.2cm
（3圈）

最宽处一圈
12cm（24针）

第3圈两个顶部连起来钩1圈

起针1处　　起针2处

**花样编织**

### 符号说明

| | |
|---|---|
| ⟔ | =辫子针（锁针） |
| ✕ | =短针 |
| ● | =引拔针 |
| ▼ | =断线 |
| ⩗ | =短针1针编出2针 |
| ⩘ | =短针2针并1针 |

## 第 1 圈

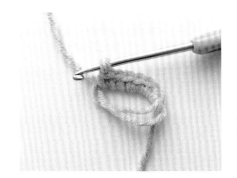

1 用粉色线环形起针，钩 6 针短针。

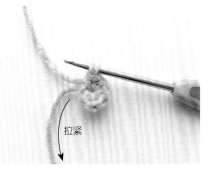

拉紧

2 将线环拉紧。

3 引拔在第 1 针短针上。

## 第 2 圈

4 钩 1 针锁针起立针。

5 在第 1 个针脚处钩 2 针短针。

6 依此规律在每个针脚里都钩 2 针短针。

## 第 3 圈

7 引拔在第 1 针短针上，线圈拉出断线。

8 根据步骤 1 ~ 7 的方法，再钩 1 个同样的圆片，不断线。

9 继续在每个针脚里一一对应钩短针。

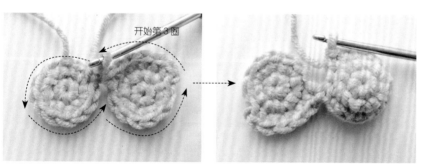

10 在前 1 个钩片上如箭头所示不加不减钩 1 圈短针。

12 继续在另 1 个钩片上钩完剩下的 6 针短针。

## 第 4 ~ 5 圈

## 第 6 圈

13 引拔在第 1 针短针上。

14 不加不减钩 2 圈短针，图为第 5 圈最后钩 1 针短针的状态。

15 另外拿浅绿色线引拔钩出。

16 换线完成，将之前的浅粉色线断线。

17 将粉色线头藏在里面继续钩织短针。

18 第 6 圈、第 7 圈不加不减钩织 24 针短针。

## 第 8 圈

19 第 8 圈钩组合"2 针短针、2 针短针并 1 针"，重复钩 6 组。

20 图为第 8 圈完成的状态。

## 第 9 圈

21 第 9 圈不加不减钩 1 圈短针。

## 第 10 圈

22 第 10 圈钩组合"1 针短针、2 针短针并 1 针"，重复钩 6 组。

23 图为第 10 圈完成的状态。

24 用小镊子将填充棉塞到心形里面，使其显得圆润。

## 第 11 圈

25 第 11 圈钩短针 2 针并 1 针，重复 6 次。

26 图为第 11 圈完成后的状态。

27 将钩针的线圈拉长至 20cm 左右，断线。

## 收尾

28 将线头穿入缝针。

29 挑起最后 6 针短针的外半针针圈，拉紧，将缝针在织物上多穿几次藏好线头，剪断线。

## 固定至橡皮筋

30 主体心形完成。

31 准备好发圈、穿线的缝针、主体心形。

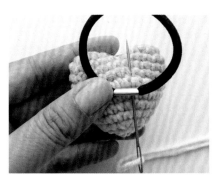

32 如图所示，将橡皮筋置于主体心形的中心部位，缝针穿入主体。

33 缝线包裹着橡皮筋。

34 图为缝合完成后的状态，打结断线。

35 完成。

36 可尝试其他配色。

# 蕾丝发夹

**材料:**

中细蕾丝线 深褐色、橘色、绿色、白色各10g,珠子

**工具:**

2.5mm 钩针

**成品尺寸:**

发夹长11cm、宽4cm

**编织方法:**

① 底部:用环形起针钩6针短针起针,钩6圈短针,按图解依次加针至30针。

② 主体:起10针锁针,参考主体花样图解钩织共2枚。

③ 饰花:用环形起针钩4针短针起针,并按花样图解钩出4片花瓣形状饰花,共7枚。

## 结构花样图

### 底部花样编织

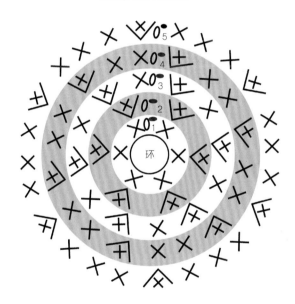

### 饰花编织

7枚

### 主体花样编织

2枚

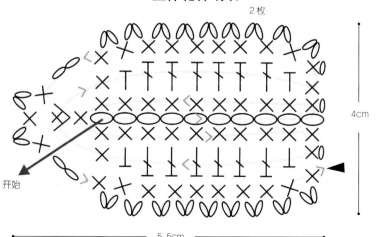

4cm

开始

5.5cm

### 发夹反面

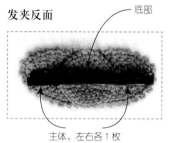

底部

主体,左右各1枚

### 符号说明

× = 短针

○ = 锁针

● = 引拔针

ᐚ = 短针1针编出2针

丅 = 长针

手 = 长长针

◀ = 断线

＞ = 编织方向

# Lesson 4

花朵发圈 & 小鹿发箍

编织方法见

第 005 页

## 花朵发圈

**材料：**
蕾丝线褐色 50g、白色
少许

**工具：**
2.5mm 钩针、缝合针

**成品尺寸：**
请参考花样图尺寸

**编织方法：**
① 主体：沿橡皮筋钩 1 圈短针，针数适量，针数越多，发圈褶皱越大，接着依照主体花样图所示继续钩 4 圈，完成主体部分。
② 饰花：换用白色线，环形起针钩短针，钩装饰花朵共 5 枚。
③ 缝合：将钩好的花朵，依次固定在发圈主体上。

### 花样图

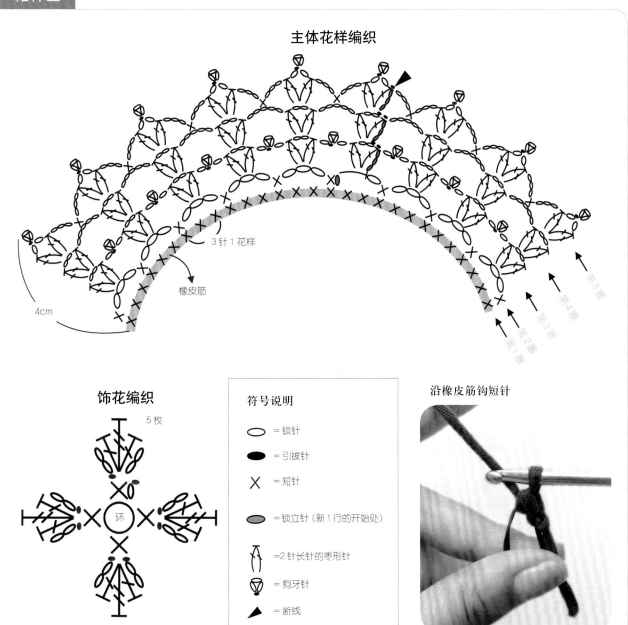

**主体花样编织**

3针1花样

橡皮筋

4cm

第1圈  第2圈  第3圈  第4圈  第5圈

**饰花编织**

5枚

环

**符号说明**

⬭ = 锁针

⬬ = 引拔针

✕ = 短针

⬭ = 锁立针（新 1 行的开始处）

⋔ = 2 针长针的枣形针

⬮ = 狗牙针

◤ = 断线

**沿橡皮筋钩短针**

# 小鹿发箍

**材料:**

5 股牛奶棉线大红色 50g

**工具:**

3.0mm 钩针、缝针

**成品尺寸:**

请参考花样编织图

**编织方法:**

①主体:用环形起针,逆时针环状向外螺旋钩织,钩织长约 38cm 左右,预留 10cm 的线头断线,将发箍本体穿入并收口。

②鹿角主干:首先用环形起针,逆时针向外螺旋钩织,依图解所示共钩织 15 圈,最后预留约 20cm 的线头断线。

③鹿角分枝:鹿角分枝共分为上、下 2 个,分别用环形起针,向外螺旋钩织,鹿角分枝上依图解所示钩织 4 圈,鹿角分枝下依图解所示钩织 3 圈。

④鹿耳:用环形起针,逆时针环状向外螺旋钩织 15 圈,预留 20cm 的线头断线,将耳朵缝至发箍主体上。

## 发箍主体

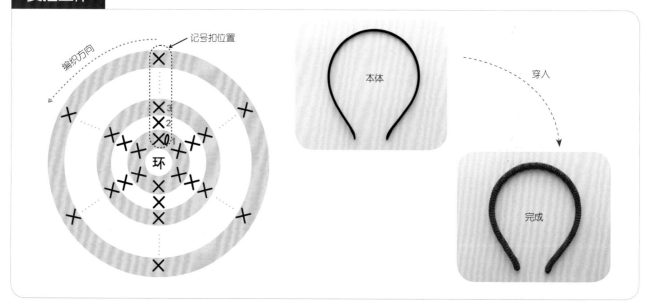

## 鹿角主干

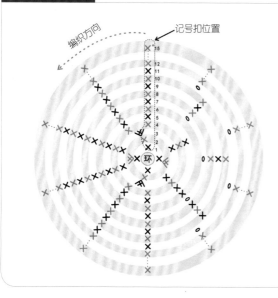

| | 圈数 | 针数 | 加针数 | 加针规律 | 备注 |
|---|---|---|---|---|---|
| 鹿角主干 | 1 | 4 | | 起针 | X= 短针<br>O= 锁针 |
| | 2 | 6 | 2 | 隔 1 加 1 针 | |
| | 3 | 8 | 2 | 隔 2 加 1 针 | |
| | 4 ~ 5 | 8 | | 不加不减 | |
| | 6 | 9 | 1 | 加 1 针 | |
| | 7 | 6 短针 +3 锁针 | | 不加不减 | |
| | 8 ~ 10 | 9 | | 不加不减 | |
| | 11 | 6 短针 +4 锁针 | 1 | 加 1 针 | |
| | 12 ~ 15 | 10 | | 不加不减 | |

| 圈数 | 针数 | 加针数 | 加针规律 |
|---|---|---|---|
| 1 | 4 | | 起针 |
| 2 | 6 | 2 | 隔1加1针 |
| 3 | 8 | 2 | 隔2加1针 |
| 4 | 10 | 2 | 每圈加2针 |
| 5 | 12 | 2 | 每圈加2针 |
| 6 | 14 | 2 | 每圈加2针 |
| 7 | 16 | 2 | 每圈加2针 |
| 8 | 16 | | 不加不减 |
| 9 | 18 | 2 | 每圈加2针 |
| 10 | 20 | 2 | 每圈加2针 |
| 11 | 22 | 2 | 每圈加2针 |
| 12 | 24 | 2 | 每圈加2针 |
| 13～15 | 24 | | 不加不减 |

鹿耳

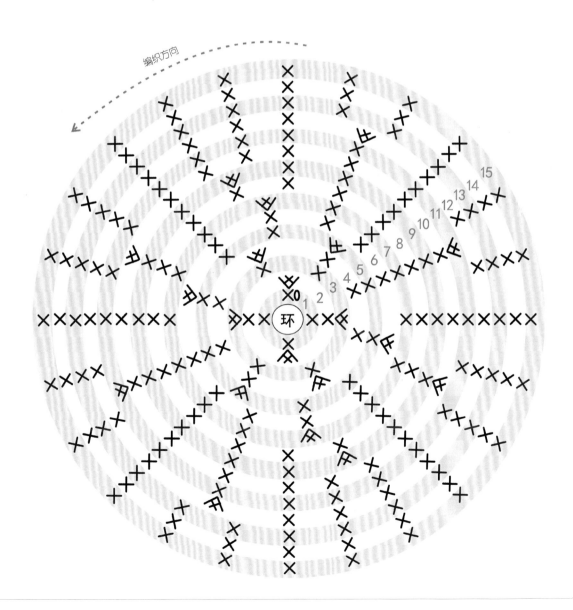

编织方向

## 鹿角分枝

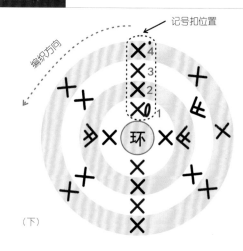

编织方向

记号扣位置

环

（下）

编织方向

记号扣位置

环

（上）

| | 圈数 | 针数 | 加针数 |
|---|---|---|---|
| 鹿角分枝（下） | 1 | 4 | 起针 |
| | 2 | 6 | 2 |
| | 3 | 7 | 1 |
| | 4 | 7 | 0 |

| | 圈数 | 针数 | 加针数 |
|---|---|---|---|
| 鹿角分枝（上） | 1 | 4 | 起针 |
| | 2 | 6 | 2 |
| | 3 | 7 | 1 |

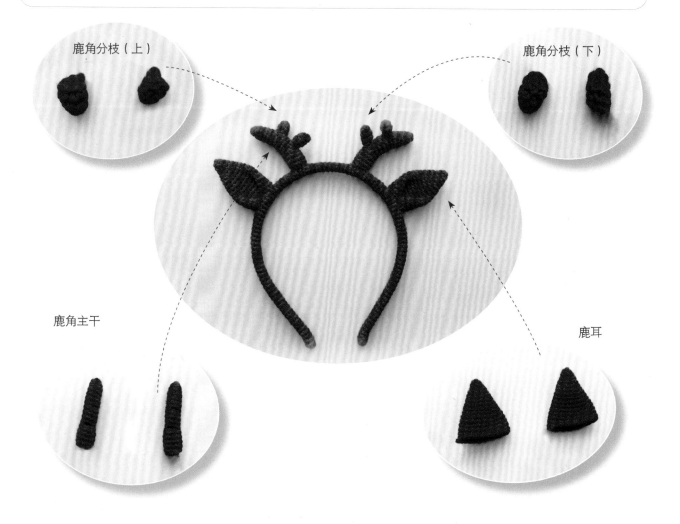

鹿角分枝（上）

鹿角分枝（下）

鹿角主干

鹿耳

# Lesson 5

可爱帽子围巾套装

编织方法见

第031页

# 可爱围巾

**材料：**
4 股牛奶棉线 灰色、白色各 70g

**工具：**
3.0mm 钩针、缝合针、毛球器

**成品尺寸：**
围巾长 83cm、围巾宽 15cm

**编织方法：**

① 用灰色线钩 100 针辫子起针，换用白色线钩 100 针辫子起针。

② 接着钩 100 针长针，换灰色线钩 100 针长针，第 2 行开始按编织花样图所示开始钩内钩长针、外钩长针，上 1 行灰色处用灰色线钩，白色线处用白色线钩，重复钩织至 15 行，断线。

③ 分别用灰色、白色线做绒线球 4 个，并固定在围巾的 4 个角的位置。

## 结构花样图

### 结构图

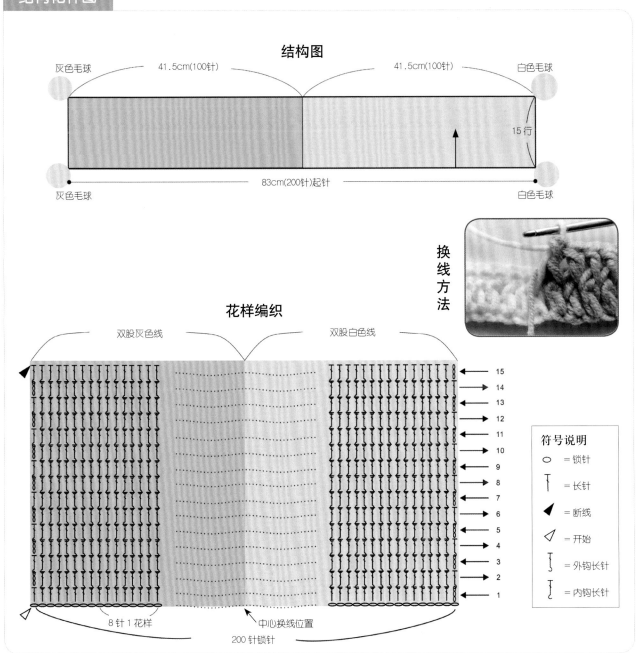

灰色毛球　　41.5cm(100针)　　41.5cm(100针)　　白色毛球

灰色毛球　　83cm(200针)起针　　白色毛球

15 行

换线方法

### 花样编织

双股灰色线　　双股白色线

8 针 1 花样　　中心换线位置

200 针锁针

**符号说明**

○ ＝锁针
丅 ＝长针
◀ ＝断线
▽ ＝开始
ʃ ＝外钩长针
ʃ ＝内钩长针

15 14 13 12 11 10 9 8 7 6 5 4 3 2 1

## 可爱帽子

**材料：**

4 股牛奶棉线 灰色 100g、
白色少量，装饰扣

**工具：**

3.0mm 钩针、缝合针、毛球器

**成品尺寸：**

帽深 14cm、帽围 49cm

**编织方法：**

① 用环形起针钩 14 针长针作为第 1 圈。

② 第 2 圈是每 1 针加出 1 针，第 3 圈是隔 1 针加出 1 针，第 4 圈是隔 2 针加出 1 针，第 5 圈是隔 3 针加出 1 针，共 70 针。

③ 第 6~12 圈不加不减钩织 6 圈，2 个护耳各占 15 针，后面占 16 针，前面占 24 针。

④ 前面，左、右护耳依图解所示各钩织 6 行，完成主体。

⑤ 沿帽边钩 1 圈短针，最后缝上装饰扣，帽顶固定毛球。

### 结构、花样图

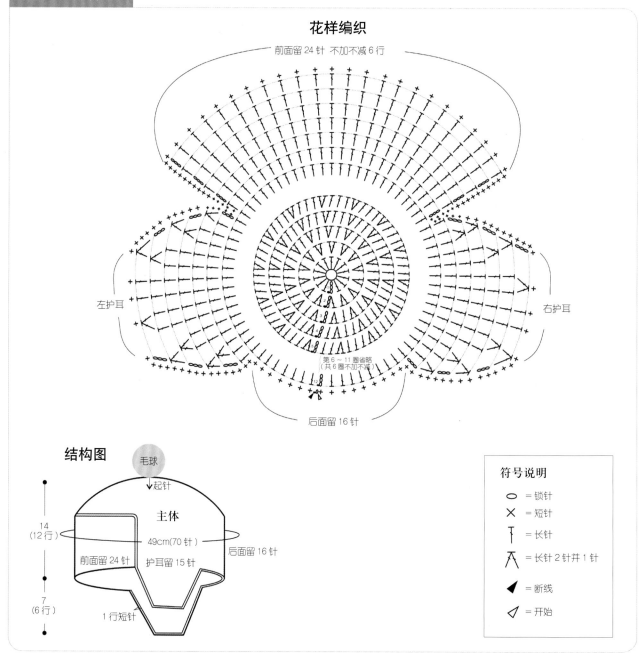

花样编织

前面留 24 针 不加不减 6 行

左护耳

右护耳

第 6 ~ 11 圈省略
（共 6 圈不加不减）

后面留 16 针

**结构图**

毛球

起针

**主体**

14
（12 行）

49cm(70 针)

前面留 24 针　护耳留 15 针

后面留 16 针

7
（6 行）

1 行短针

**符号说明**

$\circ$ = 锁针

$\times$ = 短针

$\dagger$ = 长针

$\overline{\bigwedge}$ = 长针 2 针并 1 针

◢ = 断线

◿ = 开始

# Lesson 6

可爱背带裤

编织方法见

第 034 页

## 可爱背带裤

**材料：**

中细竹棉线 橘色 370g，纽扣

**工具：**

2.5mm 钩针，缝合针

**成品尺寸：**

裤长 58cm（含背带）、臀围 60cm、裤口围 22cm

**编织密度：**

请参考花样编织图

**编织方法：**

①整件衣服双股线编织，先从胸片下方往下钩主体部分和裤片，再从起针处挑针前胸片、后背片。

②辫子起 144 针圈钩身片，按图解圈钩 51 行花样编织 A，断线。继续往下另外接线片钩两个裤腿 8 行，8 行长针部分结束后将两个裤腿的内侧和裆部缝合。最后按图解钩 4 行裤口边花样。

③在起针处接线。往反方向按图解钩 6 行花样编织 B。再分片钩后背片和前胸片，完成后沿四周钩 1 圈短针和 1 圈引拔针锁边。

④按图解所示钩两根肩带，并将纽扣缝在前胸片图示位置，完成。

### 结构、花样图

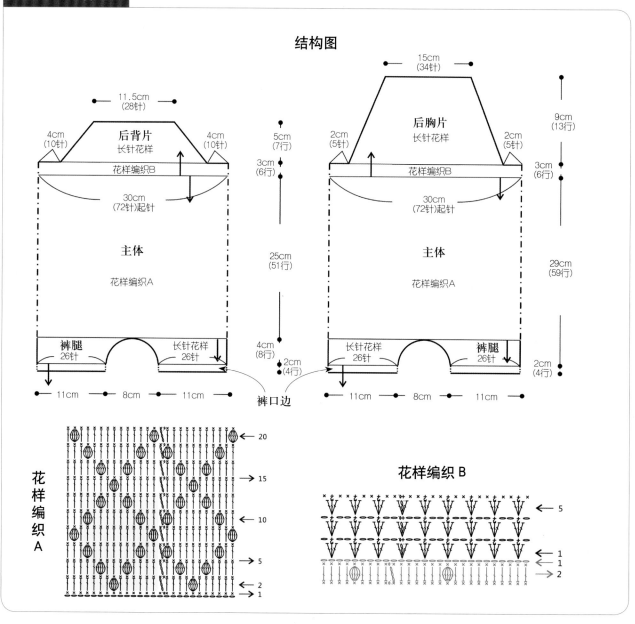

**结构图**

花样编织 A

花样编织 B

## 织片展示图

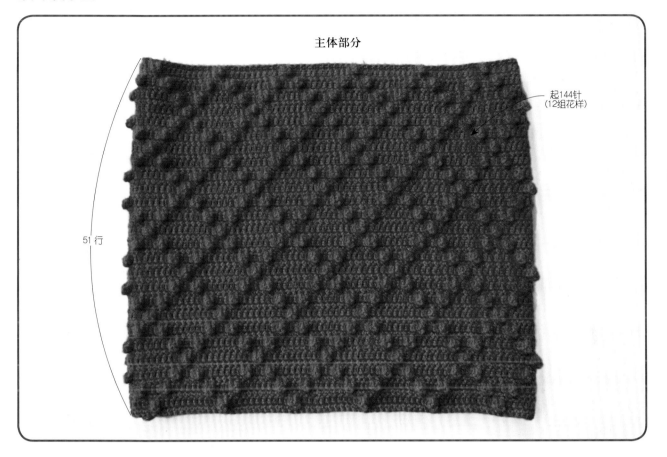

主体部分

起144针
(12组花样)

51 行

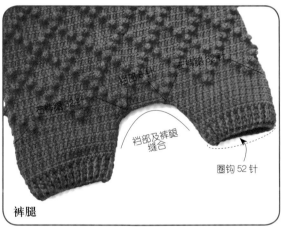

裤腿

右裤腿52针
裆部8针
左裤腿52针
档部及裤腿
缝合
圈钩52针

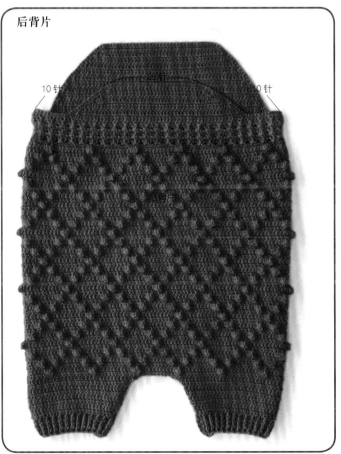

后背片

10针
减29针
10针

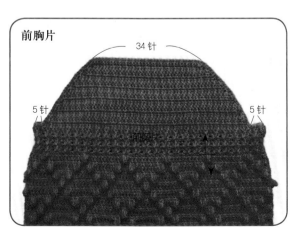

前胸片

34 针

5针
5针

前胸片

## 花样编织 A、B，长针花样

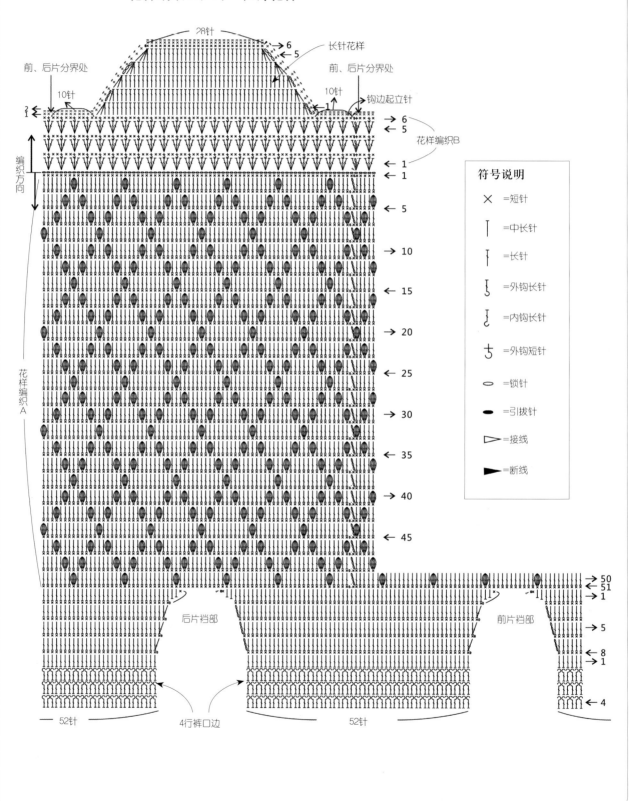

## 长针花样编织

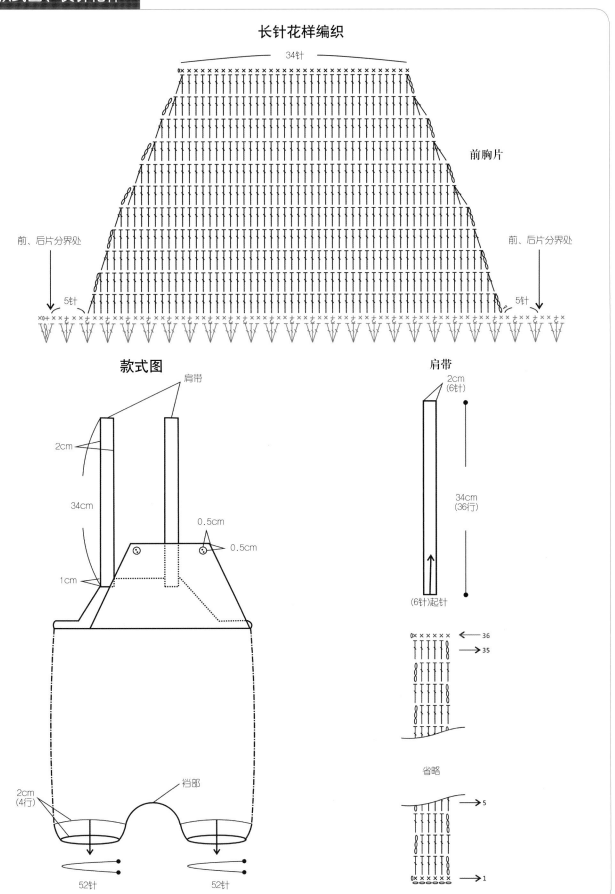

34针

前胸片

前、后片分界处

前、后片分界处

5针

5针

### 款式图

肩带

2cm

34cm

0.5cm

0.5cm

1cm

2cm
(4行)

裆部

52针

52针

### 肩带

2cm
(6针)

34cm
(36行)

(6针)起针

← 36
→ 35

省略

→ 5

0× × × × × ×  → 1

Lesson 6

可爱背带裤

# Lesson 7

肩开扣公主裙

编织方法见

第 039 页

# 肩开扣公主裙

**材料:**

中细棉线 白色 70g、浅褐色 120g

**工具:**

2.5mm 钩针

**成品尺寸:**

裙长 42.5cm、胸围 60cm、背肩宽 25cm

**编织方法:**

①用白色线按图解所示前、后身片各起 69 针,钩织前后上身片,将钩织好的前、后身片从腋下部位缝合。

②换浅褐色线,腰部沿起针处挑钩 1 圈短针加针,原前后上片各 69 针,共 138 针。在左右腋下缝合的位置各加 1 针。前片的中间位置 1 针钩出 3 针短针。后片的中间位置 1 针钩出 3 针短针。其余 136 针,每针钩 2 针短针。腰部 1 圈按此加针方法加至 282 针。

③按图解圈钩裙摆部分,共钩 32 圈。

④袖口及领口分别钩 1 圈短针、1 圈逆短针作为缘编织。

⑤最后在前片的肩部缝隙上钉上钮扣完成。

## 结构图

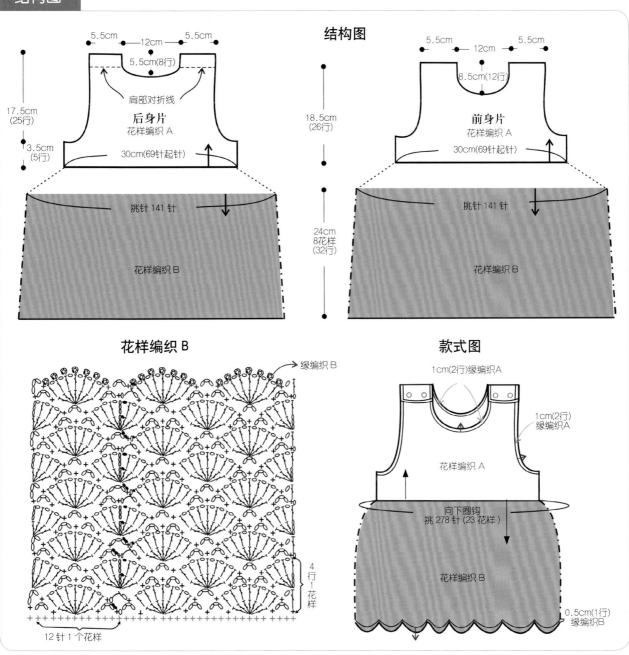

结构图

5.5cm　12cm　5.5cm

5.5cm(8行)

肩部对折线

**后身片**
花样编织 A

17.5cm(25行)

3.5cm(5行)

30cm(69针起针)

5.5cm　12cm　5.5cm

8.5cm(12行)

**前身片**
花样编织 A

18.5cm(26行)

30cm(69针起针)

挑针 141 针

挑针 141 针

24cm
8花样
(32行)

花样编织 B

花样编织 B

### 花样编织 B

缘编织 B

4行
1花样

12针 1 个花样

### 款式图

1cm(2行)缘编织 A

1cm(2行)缘编织 A

花样编织 A

向下圈钩
挑 278 针(23 花样)

花样编织 B

0.5cm(1行)缘编织 B

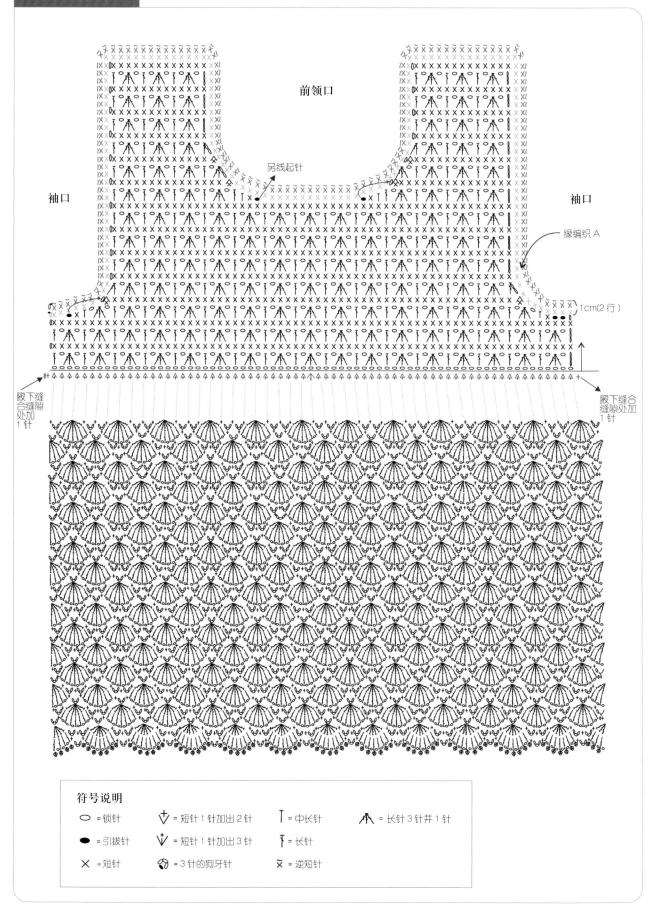

前领口

袖口　　　　　　　　　　　　　　　　　　　　　　　　袖口

另线起针

缘编织 A

1cm(2 行)

腋下缝
合缝隙
处加
1 针

腋下缝合
缝隙处加
1 针

### 符号说明

| | | | |
|---|---|---|---|
| ○ = 锁针 | ⩔ = 短针 1 针加出 2 针 | T = 中长针 | ⋀ = 长针 3 针并 1 针 |
| ● = 引拔针 | ⩔ = 短针 1 针加出 3 针 | Ŧ = 长针 | |
| ✕ = 短针 | ⊕ = 3 针的狗牙针 | x̃ = 逆短针 | |

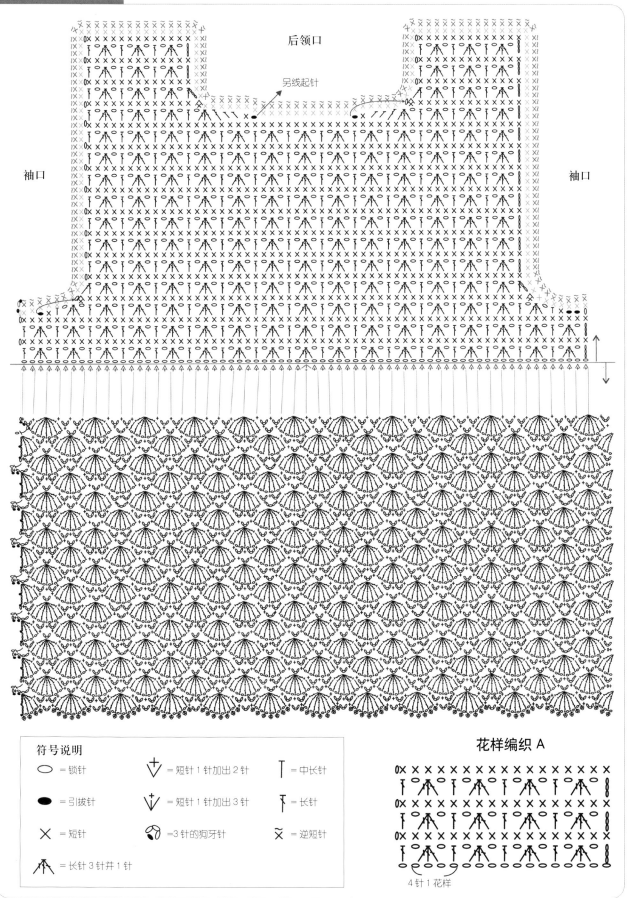

后片花样编织

后领口

另线起针

袖口　　　　　　　　　　　　　　　　　　　　　　　　　　　袖口

符号说明

◯ =锁针

● =引拔针

✕ =短针

∧ =长针3针并1针

↓ =短针1针加出2针

↓ =短针1针加出3针

⌒ =3针的狗牙针

T =中长针

T =长针

∼ =逆短针

花样编织A

0✕✕✕✕✕✕✕✕✕✕✕✕✕✕✕✕✕✕✕

4针1花样

041

Lesson 8

俏皮菠萝花裙

编织方法见

第 043 页

# 俏皮菠萝花裙

**材料：**
中细宝宝棉线桃红色 300g

**工具：**
2.75mm 钩针

**成品尺寸：**
衣长 56cm、胸围 62cm、肩袖长 19cm

**编织密度：**
请参考花样编织图

**编织方法：**

①从领口往下开始钩育克部分花样，领口起网格 36 个（144 针辫子）。分别按花样图解分散加针，共钩 17 行、26 组花样。

②分袖，左、右袖片各分 5 组花样，前、后身片各分 8 组花样，后身片钩 8 行落差高花样 A，然后再与前身片一起圈织往下钩水草花样，最后形成 13 组花样 B。（裙片长短可通过水草花样的行数来调节）。

③最后按图解钩 3 行袖边花样结束。

## 结构图

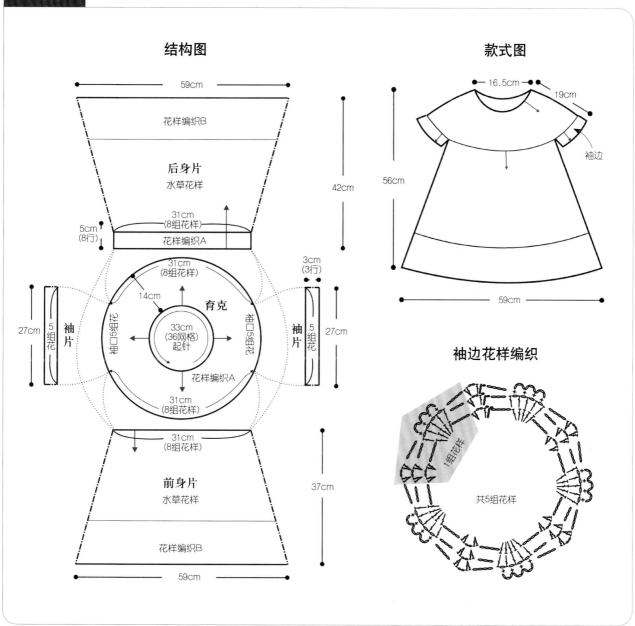

结构图

款式图

花样编织B

后身片
水草花样

31cm
（8组花样）
花样编织A

5cm
（8行）

31cm
（8组花样）

3cm
（3行）

14cm

育克

33cm
（36网格）
起针

领口5组花

领口5组花

花样编织A

27cm

袖片

5组花

27cm

袖片

5组花

31cm
（8组花样）

31cm
（8组花样）

前身片
水草花样

花样编织B

59cm

37cm

59cm

16.5cm

19cm

袖边

56cm

59cm

袖边花样编织

1组花样

共5组花样

59cm

42cm

## 织片展示图

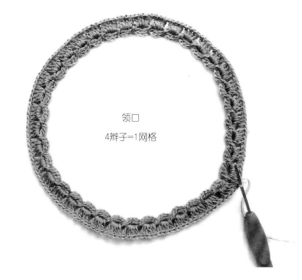

领口

4辫子=1网格

**1** 用网格起针法起 36 网格。

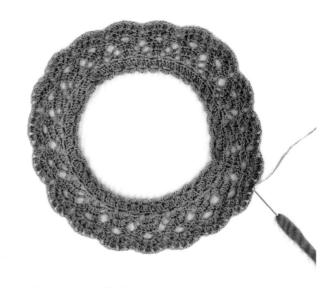

**2** 图为参考育克花样图钩完 7 行的状态。

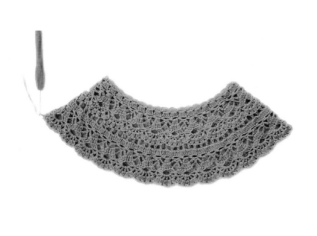

**3** 图为育克花样钩完 15 行的状态。

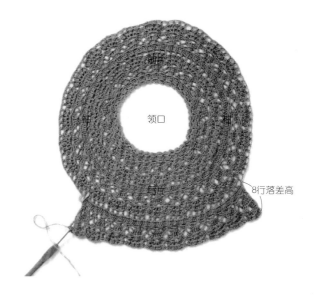

领口

8行落差高

**4** 将后片钩 8 行花样 A，作为前、后片落差高。

**5** 图为钩完落差高后对折，从正面看的状态。

花样编织 B

裙片

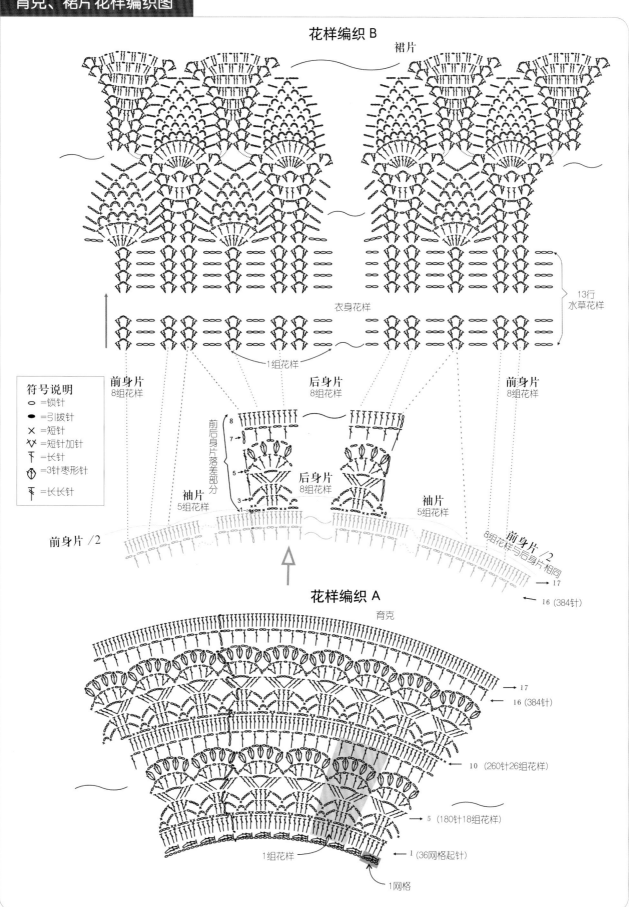

13行水草花样

衣身花样

1组花样

前身片
8组花样

后身片
8组花样

前身片
8组花样

**符号说明**
- ◯ =锁针
- ● =引拔针
- ✕ =短针
- ✕̌ =短针加针
- ┬ =长针
- ⬥ =3针枣形针
- ┳ =长长针

前后身片落差部分

后身片
8组花样

8
7
5
3
1

袖片
5组花样

袖片
5组花样

前身片 /2

8组花样与后身片相同

前身片 /2

→ 17

← 16 (384针)

花样编织 A

育克

→ 17
← 16 (384针)

10 (260针26组花样)

5 (180针18组花样)

1组花样

1 (36网格起针)

1网格

Lesson 8

俏皮菠萝花裙

# Lesson 9

浅蓝色蕾丝裙

编织方法见

第047页

# 浅蓝色蕾丝裙

**材料：**

3 号蕾丝线 浅蓝色 220g，纽扣

**工具：**

3.5mm 的钩针、缝针

**成品尺寸：**

裙长 50cm、胸围 70cm、肩袖长 16.5cm

**编织方法：**

① 从领口起 132 针锁针，从上往下钩织，按照图解加针钩织 17 行、共 404 针，完成育克部分。

② 腋下部分，左右两边各加 7 针，圈起来共是 216 针。

③ 裙片按照图解向下圈钩，裙片横向编织 18 组花样，纵向编织 12 组花样，依照图解花样所示，用辫子数量和枣形针数量的增加来加针。

## 结构图

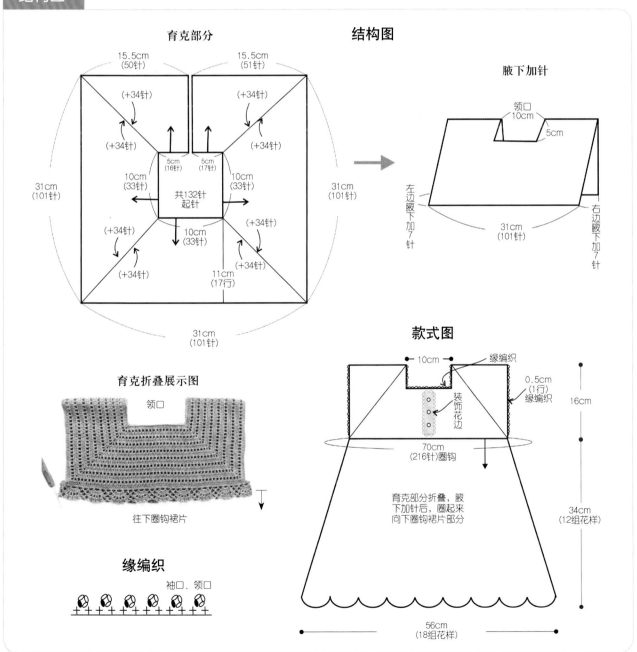

育克部分

结构图

腋下加针

育克折叠展示图

款式图

缘编织

## 育克花样图

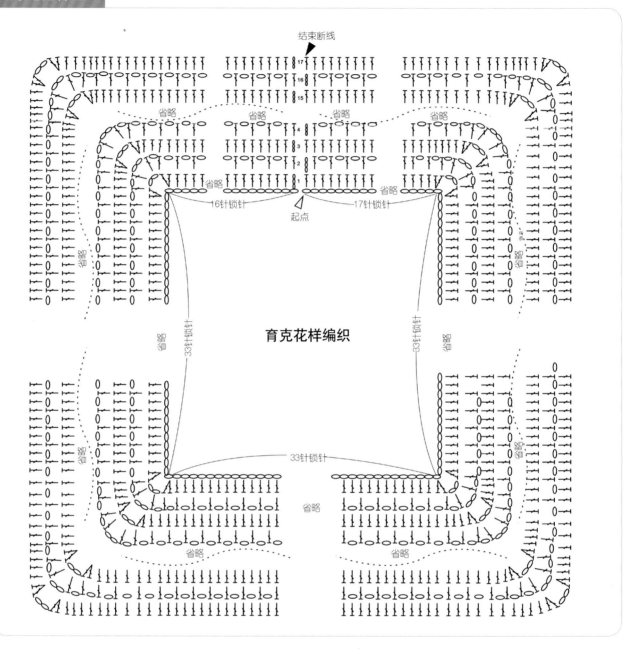

结束断线

17
16
15

省略　　省略　　省略　　　　省略

16针锁针　　　　17针锁针

起点

33针锁针　　　　　　　　33针锁针

育克花样编织

省略　　　　　　　　　　　　　　省略

33针锁针

省略

省略　　　　　　　　　　　省略

育克平铺展示图

后

肩袖　　领口　　肩袖

前

### 符号说明

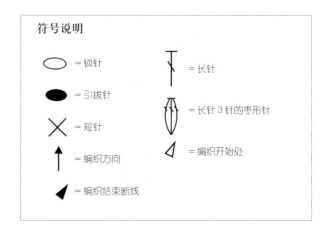

⬭ = 锁针　　　　　　Ŧ = 长针

⬬ = 引拔针　　　　　✿ = 长针3针的枣形针

✕ = 短针

↑ = 编织方向　　　　◁ = 编织开始处

◀ = 编织结束断线

### 装饰花边

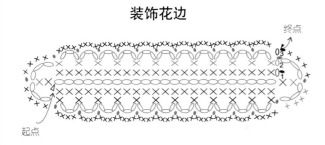

终点

起点

### 花边展示图

### 裙摆花样编织

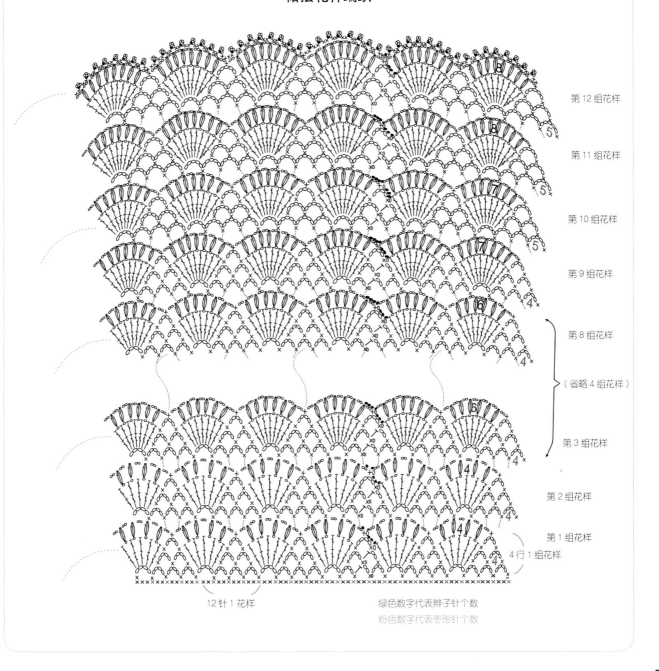

第12组花样

第11组花样

第10组花样

第9组花样

第8组花样

（省略4组花样）

第3组花样

第2组花样

第1组花样

4行1组花样

12针1花样

绿色数字代表辫子针个数
粉色数字代表枣形针个数

# Lesson 10

立体花瓣套头衫

编织方法见

第 051 页

# 立体花瓣套头衫

**材料：**

粉蓝色宝宝线 500g、白色宝宝线少许，纽扣

**工具：**

3.0mm 钩针、缝合针

**成品尺寸：**

前衣长 40.5cm、后衣长 42cm、胸围 57.5cm、肩袖长 42.5cm

**编织密度：**

花样编织 24 针 ×11 行 /10cm

**编织方法：**

① 起 116 针辫子引拔成圈，从后片与右肩交界处开始钩织育克部分，第 1 行请钩在起针辫子背面的里山上，共钩 15 行长针花样。

② 从第 16 行后片开始钩，腋下位置加 9 针辫子连接前后片，另一边腋下加 4 针辫子和 1 针 4 卷长针与起立针连接，以保证起立针在腋下正中间位置。不加不减钩 28 行断线。腋下正中往前片方向 15 针位置用另线开始在后片钩 5 行前后下摆落差，最后在正面行钩 1 圈短针钩边。

③ 袖子从腋下正中开始起针往返圈织，第 1 行反面钩织，共 62 针不加不减钩 5 行，第 6 行开始每 6 行减 2 针收 3 次，剩下 56 针不加不减钩 8 行，再换白色线钩 4 行袖口缘编织 B，缘编织第 1 行处均匀收掉 3 针，剩下 53 针钩 3 行结束。

④ 用白色线按图解钩 7 枚一样的雏菊花瓣，花蕊用黄色纽扣代替，将 7 枚花瓣按图示位置缝合在衣服中间稍微靠下位置。最后沿领口钩 1 圈缘编织 A 结束。

## 结构图

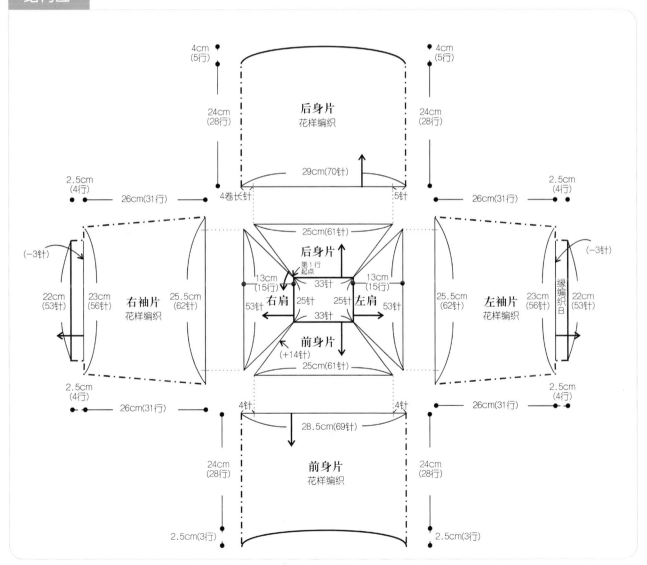

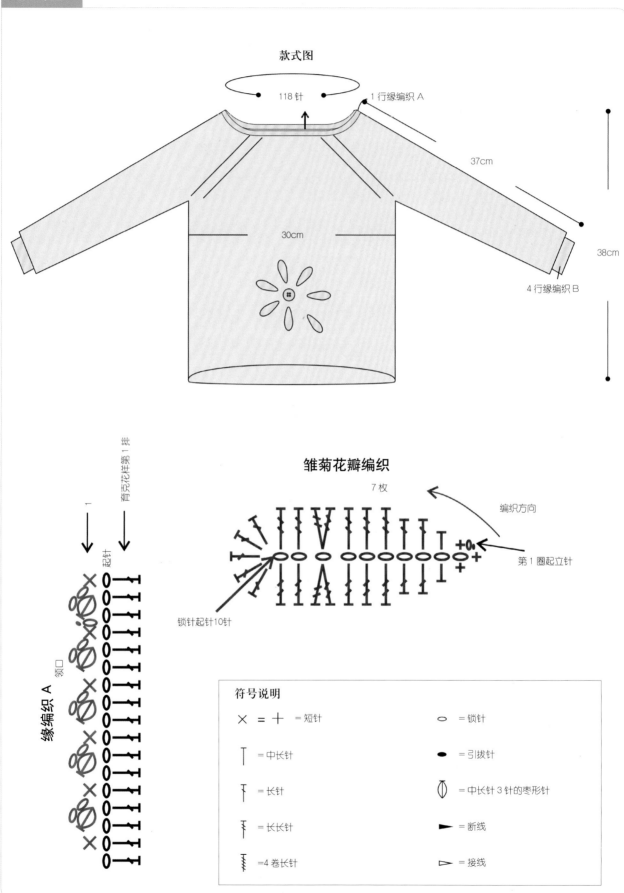

款式图

118 针

1 行缘编织 A

37cm

38cm

30cm

4 行缘编织 B

雏菊花瓣编织

7 枚

编织方向

第 1 圈起立针

锁针起针10针

缘编织 A

育克花样第 1 排

起针

领口

符号说明

| | | |
|---|---|---|
| ✕ = ┼ = 短针 | | ⌀ = 锁针 |
| ┰ = 中长针 | | ● = 引拔针 |
| ┲ = 长针 | | ⬭ = 中长针 3 针的枣形针 |
| ┳ = 长长针 | | ▶ = 断线 |
| ┳ =4 卷长针 | | ▷ = 接线 |

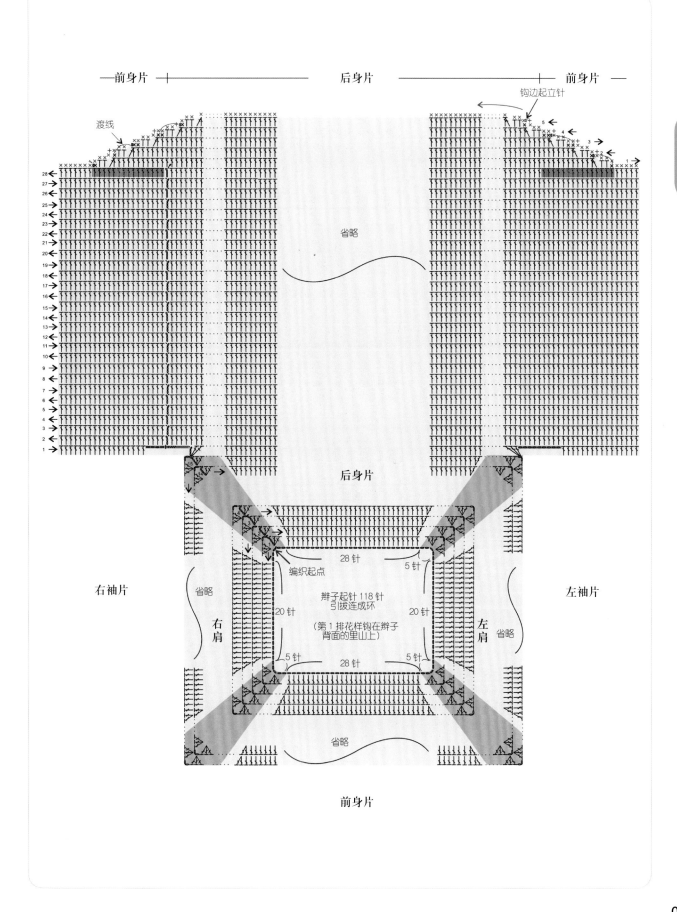

—前身片—    后身片    —前身片—

钩边起立针

渡线

编织起点

辫子起针 118 针
引拔连成环

（第 1 排花样钩在辫子
背面的里山上）

28 针

5 针

20 针

20 针

5 针    5 针

28 针

后身片

右袖片

左袖片

右肩

左肩

省略

省略

省略

前身片

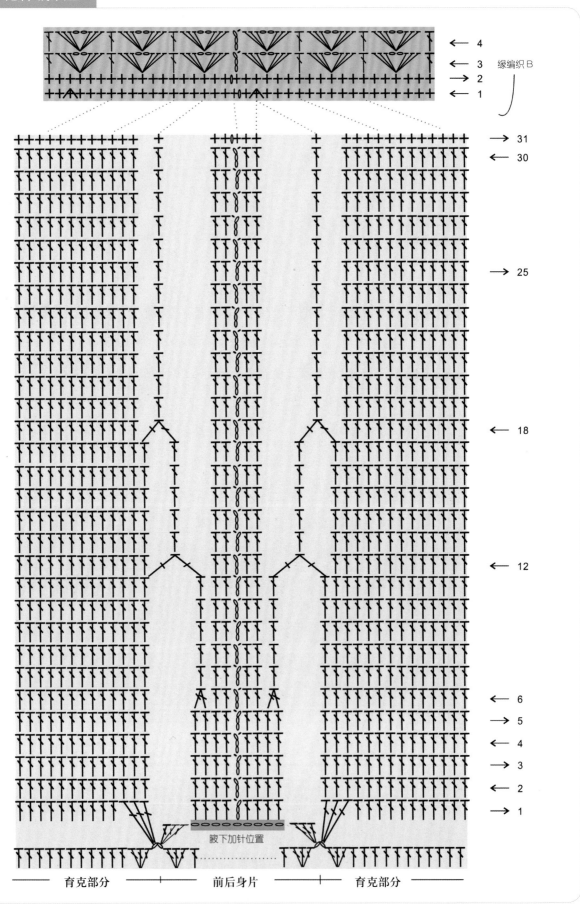

**织片展示图**

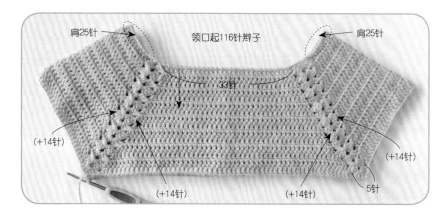

肩25针　　　　　领口起116针辫子　　　　　肩25针

33针

(+14针)

(+14针)　　　　　(+14针)　　　　(+14针)

(+14针)

5针

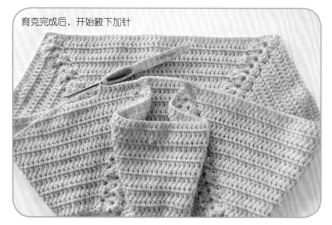

育克完成后，开始腋下加针

腋下
(+9针)

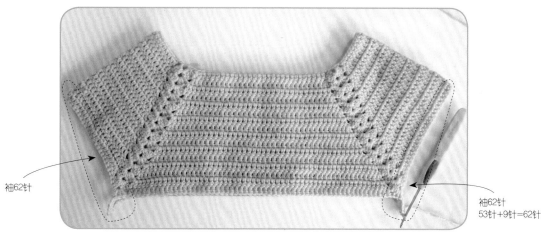

袖62针

袖62针
53针+9针=62针

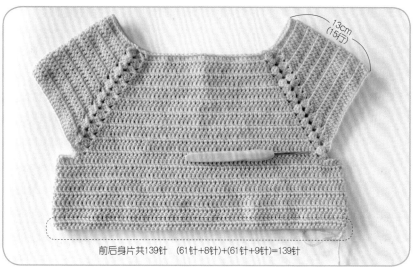

13cm
(15行)

前后身片共139针　(61针+8针)+(61针+9针)=139针

圆肩式西瓜裙

编织方法见

第 058 页

# 圆肩式西瓜裙

**材料:**

蚕丝蛋白绒线西瓜红色 25g、绿色 150g、白色少许

**工具:**

2.5mm 钩针、缝合针

**成品尺寸:**

衣长 42cm、胸围 64cm、肩袖长 12cm

**编织密度:**

请参考花样编织图

**编织方法:**

① 整件衣服从领口往下钩织,先钩育克部分,用西瓜红色线锁针起针 95 针,往回在第 89 针位置处引拔形成圈成为扣眼(6 锁针),继续往回钩第 1 行短针。按花样钩织育克部分,共 30 组花样。育克第 6 行往返圈钩,第 13 行换白色,14 行换绿色,15 行钩完断线。

② 以后领扣眼开口处为中心开始分片,前、后片各 8 组花样,袖片各 7 组花样。

③ 开始钩裙片部分,用绿色线从后片最边上位置起针,腋下加 3 锁针连接前后片,按图解钩裙片的第 1 圈。每圈引拔往返钩织。共钩 37 圈,最后在正面钩 1 圈逆短针,结束。

④ 用白色线如饰花编织图所示钩 4 枚饰花,分别如款式图所示缝在育克正面处,完成。

## 款式图

款式图

12cm (15行)

饰花

育克

扣眼

前后裙片

饰花编织

4枚

环

育克平铺展示图

6针辫子,引拔成扣眼

袖

袖

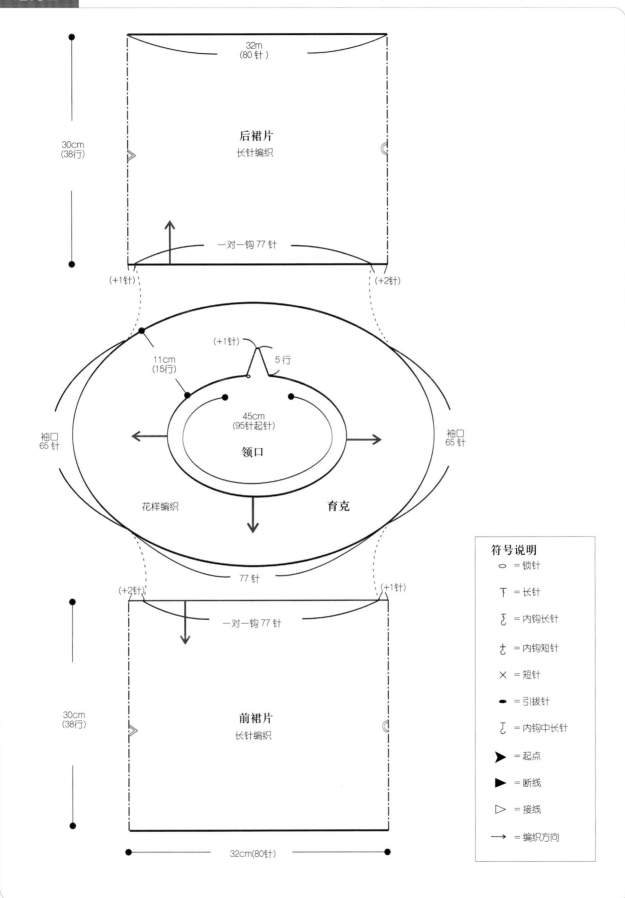

后裙片
长针编织

32m
(80 针)

30cm
(38行)

一对一钩 77 针

(+1针)    (+2针)

11cm
(15行)    (+1针)    5 行

45cm
(95针起针)

领口

袖口
65 针    袖口
65 针

花样编织    育克

77 针

(+2针)    (+1针)

一对一钩 77 针

30cm
(38行)

前裙片
长针编织

32cm(80针)

**符号说明**

○ = 锁针

Ｔ = 长针

ξ = 内钩长针

ξ = 内钩短针

✕ = 短针

● = 引拔针

Ｊ = 内钩中长针

▶ = 起点

▶ = 断线

▷ = 接线

→ = 编织方向

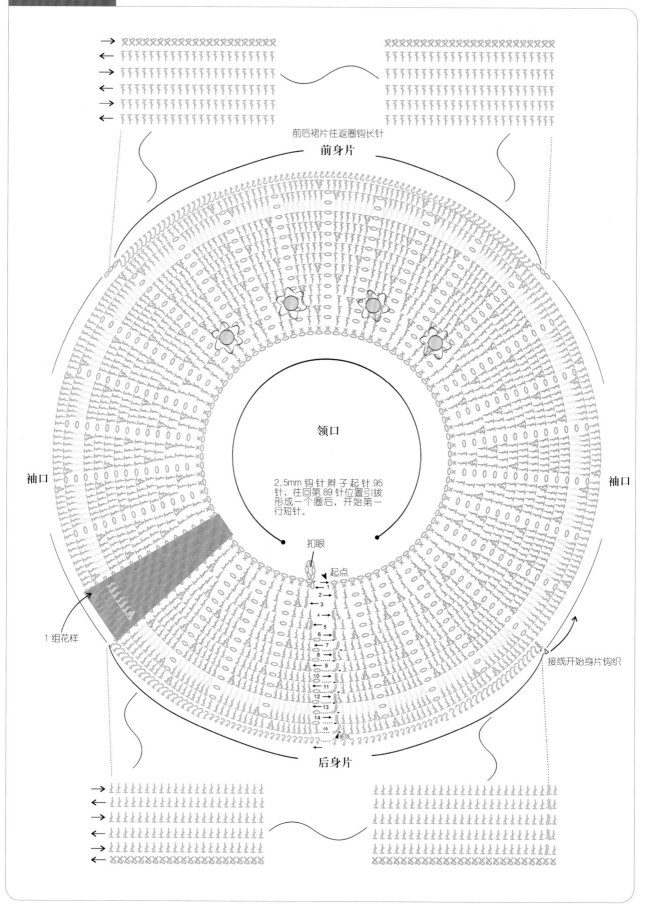

前后裙片往返圈钩长针

前身片

领口

2.5mm 钩针辫子起针 95
针，往回第 89 针位置引拔
形成一个圈后，开始第一
行短针。

扣眼

起点

接线开始身片钩织

1 组花样

袖口

袖口

后身片

大红圆肩开衫

编织方法见

第 062 页

# 大红圆肩开衫

**材料：**

中细棉线大红色 220g，纽扣

**工具：**

2.5mm 钩针

**成品尺寸：**

衣长 34cm、胸围 79cm、
肩袖长 34cm

**编织方法：**

① 从领口起 76 针，第 1 行钩长针，长针钩在辫子背面的里山上。按图解加针钩织育克部分，钩至 12 行后，重复钩 11 行、12 行，一直钩到 17 行结束育克。不要断线。

② 按图解进行分袖，左前片 8 组花样、左袖 8 组花样、后片 16 组花样、右袖 8 组花样、右前片 9 组花样。用另线钩 23 个辫子 6 组花样将前后片连接。

③ 用育克部分的线继续钩前、后身片，往返钩 28 行完成身片钩织，断线。

④ 从腋下正中开始，钩第 1 排渔网针长针，一圈共 14 组花样，钩 28 行结束。

⑤ 在右前片第 1 行、第 9 行、第 17 行，往里数第 4 针位置缝上纽扣即可。

## 结构图

后身片　40cm　21cm（28行）

22 组花样

加 3 组花样　加 3 组花样

16 组花样

共49组花样（197针）

育克

(76针) 起针

领口

右袖片　21cm（28行）　22cm　14 组花样 圈钩

左袖片　21cm（28行）　22cm　14 组花样 圈钩

分 8 组花样　分 8 组花样

分 9 组花样　分 8 组花样

13cm（17行）

加 3 组花样　加 3 组花样

49 针　45 针

右前身片　21cm（28行）　20cm

左前身片　21cm（28行）　19cm

## 款式图

### 款式图

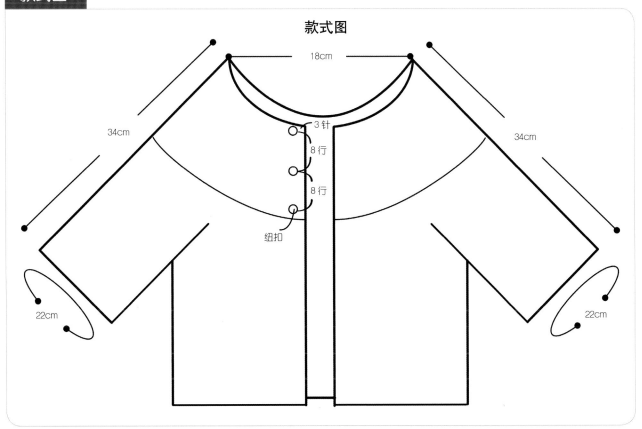

18cm

34cm

34cm

3针

8行

8行

纽扣

22cm

22cm

## 袖片花样编织图

### 袖片花样编织

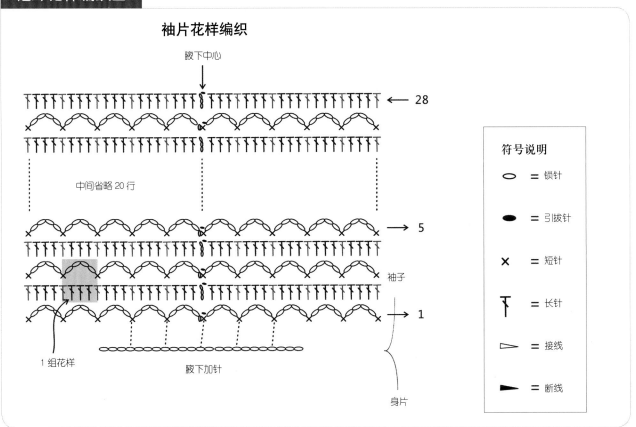

腋下中心

← 28

中间省略20行

→ 5

袖子

→ 1

1组花样

腋下加针

身片

符号说明

○ = 锁针

● = 引拔针

✕ = 短针

┳ = 长针

▷ = 接线

▶ = 断线

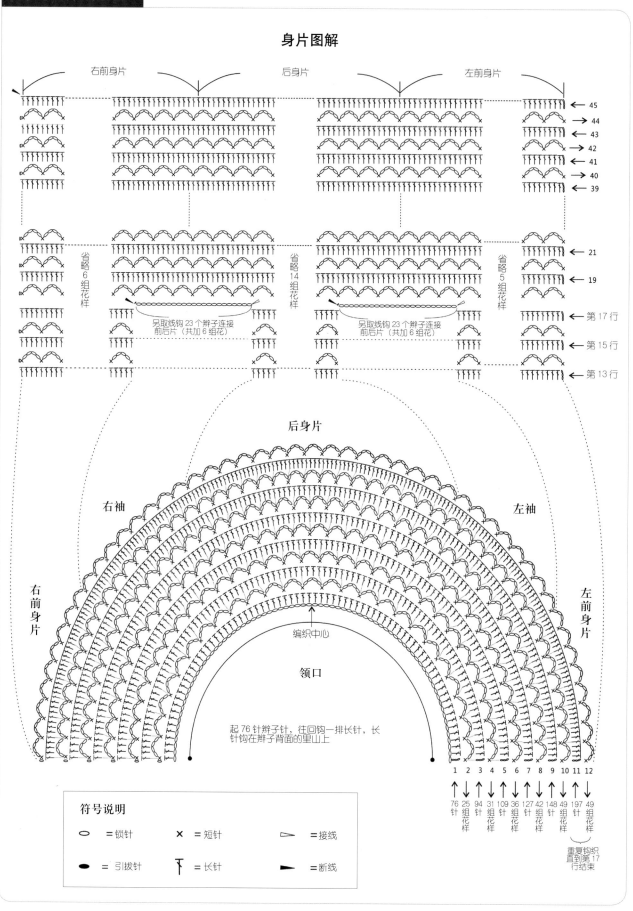

身片图解

右前身片　　　　　　　后身片　　　　　　　　　　左前身片

← 45
→ 44
← 43
→ 42
← 41
→ 40
← 39

省略6组花样　　　省略14组花样　　　省略5组花样

← 21
← 19
第17行
第15行
第13行

另取线钩23个辫子连接前后片（共加6组花）

另取线钩23个辫子连接前后片（共加6组花）

后身片

右袖　　　　　　　　　　　　　　　左袖

右前身片　　　　　　　　　　　　　　左前身片

编织中心

领口

起76针辫子针，往回钩一排长针，长针钩在辫子背面的里山上

1　2　3　4　5　6　7　8　9　10　11　12

76针　25组花样　94针　31组花样　109针　36组花样　127针　42组花样　148针　49组花样　197针　49组花样

重复钩织直到第17行结束

符号说明

○ =锁针　　　× =短针　　　⟍ =接线

● =引拔针　　　↑ =长针　　　▬ =断线

Lesson.12

大红圆肩开衫

## 织片编织展示图

别锁加23针(6组花样)

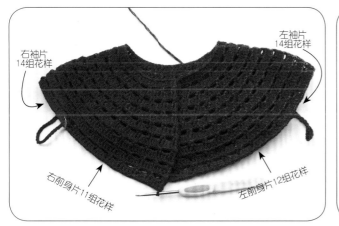

右袖片
14组花样

左袖片
14组花样

右前身片11组花样

左前身片12组花样

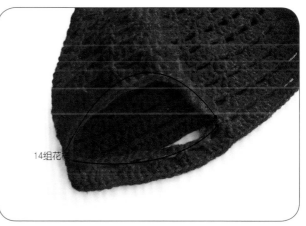

14组花样

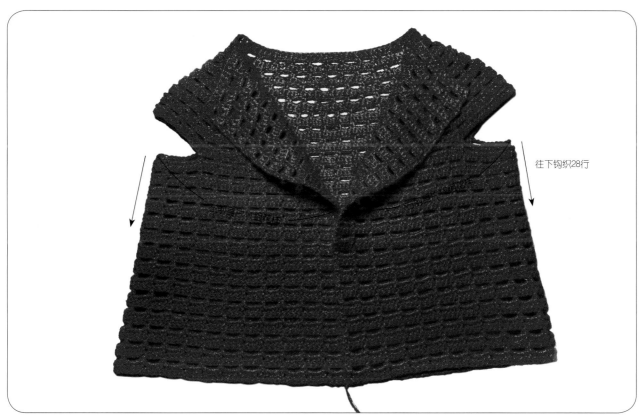

往下钩织28行

豆豆衣 & 贝雷帽套装

编织方法见

第 068 页

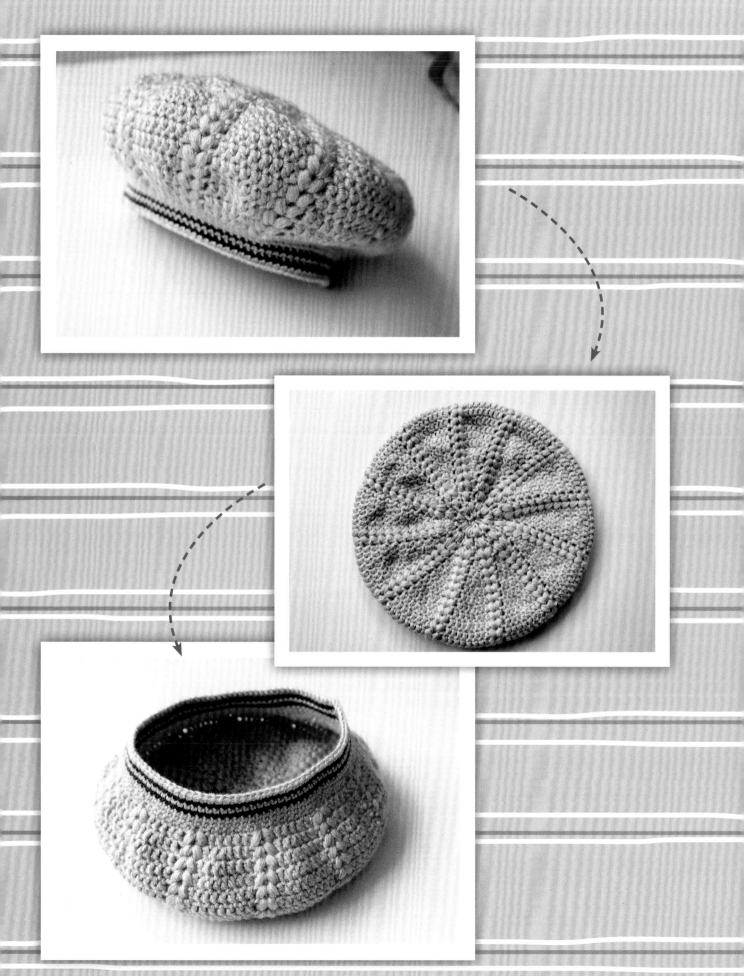

## 豆豆衣开衫

**材料：**
中细宝宝棉线卡其色 100g、
深蓝色 20g、红色少许，纽扣

**工具：**
3.0mm 钩针、缝合针

**成品尺寸：**
衣长 36cm、胸围 65.5cm、
肩袖长 12.5cm

**编织密度：**
请参考花样编织图

**编织方法：**

①用主色线（卡其色），起 161 针辫子 32 个花样片钩，按图解钩花样 A 20 行，其中第 7、8、15、16 行用深蓝色配色线。第 20 行结束后不断线，按图解分前、后片。另取线在后片继续钩 2 行落差高，落差结束钩袖子的 30 针加针，在前面对应位置引拔断线，另一袖片也另线加 30 针。

②用身片的线继续钩花样 B 育克部分。第 3、7 行用红色配色线，第 5、9 行用深蓝色配色线钩豆豆花样。

③育克结束钩 1 行领口缘编织。

④衣襟按图解钩 60 针短针 3 行，最后在反面钩 1 行引拔针结束。注意左前片衣襟需留 3 个扣眼，最后在下摆钩 1 行缘编织，结束。

### 结构图

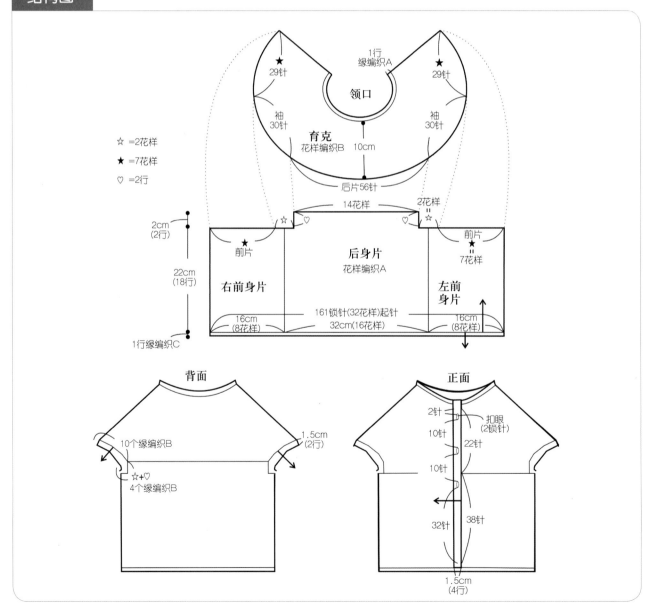

068

身片部分

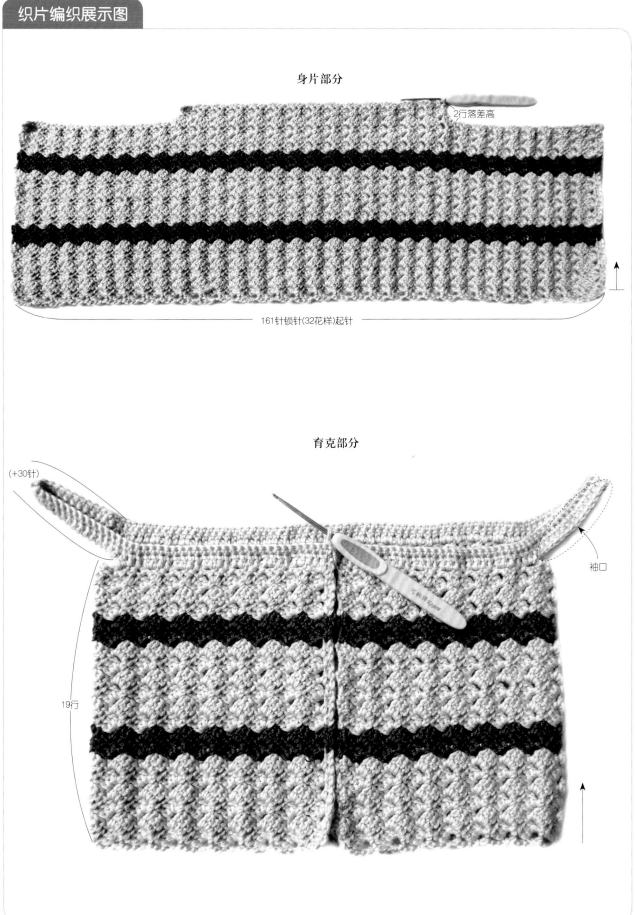

2行落差高

161针锁针(32花样)起针

育克部分

(+30针)

19行

袖口

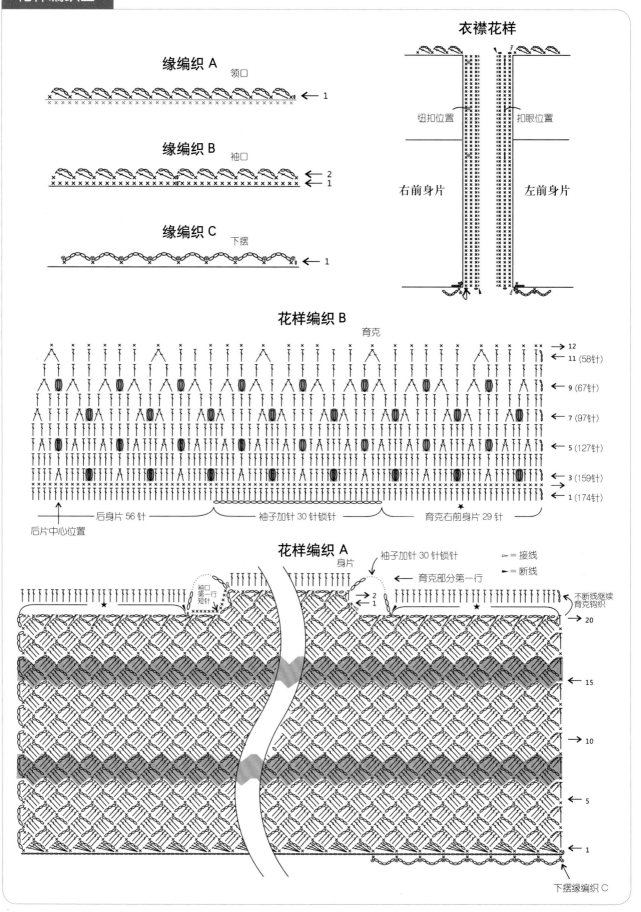

缘编织 A
领口
← 1

缘编织 B
袖口
← 2
← 1

缘编织 C
下摆
← 1

衣襟花样

纽扣位置
扣眼位置

右前身片
左前身片

花样编织 B
育克
→ 12
← 11 (58针)
← 9 (67针)
← 7 (97针)
← 5 (127针)
→ 3 (159针)
← 1 (174针)

后身片 56 针
袖子加针 30 针锁针
育克右前身片 29 针

后片中心位置

花样编织 A
身片
袖子加针 30 针锁针
⊳ = 接线
► = 断线

育克部分第一行

袖口
第一行
短针
→ 2
← 1

不断线继续
育克钩织

→ 20

← 15

→ 10

← 5

← 1

下摆缘编织 C

## 豆豆花样编织步骤

1 在钩圆锥针的前 1 针长针时，长针只钩一半，保留两个线圈在钩针上（即未完成的长针）。

2 另拿配色线红色或深蓝色，如图所示钩针绕线。

3 用配色线钩完圆锥针前 1 针的长针。

4 继续用配色线在下 1 针圆锥针的位置，分别钩出 4 针长针。

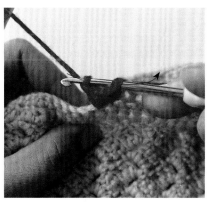

5 拿出钩针，再插入 4 针长针中的第 1 针长针和最后 1 针长针的线圈，钩出。

6 换回主色线钩 1 针锁针。

7 用主色线继续往下编织，并在需要钩圆锥针的位置重复以上步骤。

8 图为 1 行豆豆花样完成后的状态。

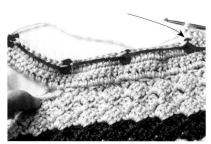

9 背面的状态。注意箭头所指为反面行在圆锥针位置的入针位置。

# 贝雷帽

**材料：**

中细棉线 卡其色60g、深蓝色少许

**工具：**

3.0mm 钩针

**成品尺寸：**

帽围50cm、帽深22cm

**编织密度：**

请参考花样编织图

**编织方法：**

①帽子主体用卡其色主色线，辫子起96针圈钩，第1行钩短针，短针钩在辫子针的里山上，按图解钩12组花样，每组花样8针。如需调整帽围尺寸，按8针倍数增减即可。按图解加针至132针，不加不减钩4行。接着按图解减针，最后1行钩完，留约10cm长的线头断线，将所有针串起拉紧，收线头。

②帽檐按图解挑针圈钩6行，第3、5行换深蓝色线钩织，最后1行换回主色线钩织。

## 结构、花样图

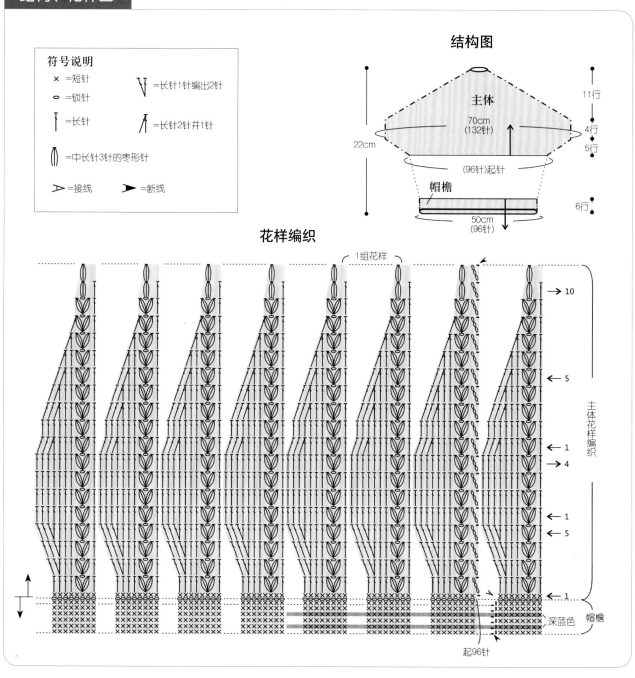

**符号说明**

× =短针

o =锁针

| =长针

V =长针1针编出2针

A =长针2针并1针

=中长针3针的枣形针

> =接线

► =断线

**结构图**

主体

70cm
(132针)

22cm

(96针)起针

帽檐

50cm
(96针)

11行

4行

5行

6行

**花样编织**

1组花样

→10

←5

←1
→4

←1

←5

←1

主体花样编织

深蓝色　帽檐

起96针

Lesson 14

A

配色花样小开衫

编织方法见

第075页

B

# 配色花样小开衫

**材料：**

(A) 中细竹棉线 浅橘色 180g，蓝绿色、白色各少许，纽扣

(B) 中细竹棉线 粉蓝色 180g，浅绿色、白色各少许，纽扣

**工具：**

3.0mm 钩针、缝合针

**成品尺寸：**

衣长 37cm、胸围 78cm、肩袖长 23cm

**编织密度：**

花样编织 A 20 针 ×10 行 /10cm

**编织方法：**

①起 152 针锁针，从下往上编织前、后身片，钩长针与花样 A，后身片比前身片多钩 2 行落差高。

② 钩完 21 行，开始分别挑针，锁针起针钩育克部分的花样 B。

③整体衣身都钩完后，开始在衣襟、下摆、袖口分别钩缘编织。

④最后在衣襟处钉上纽扣，完成。

## 结构图

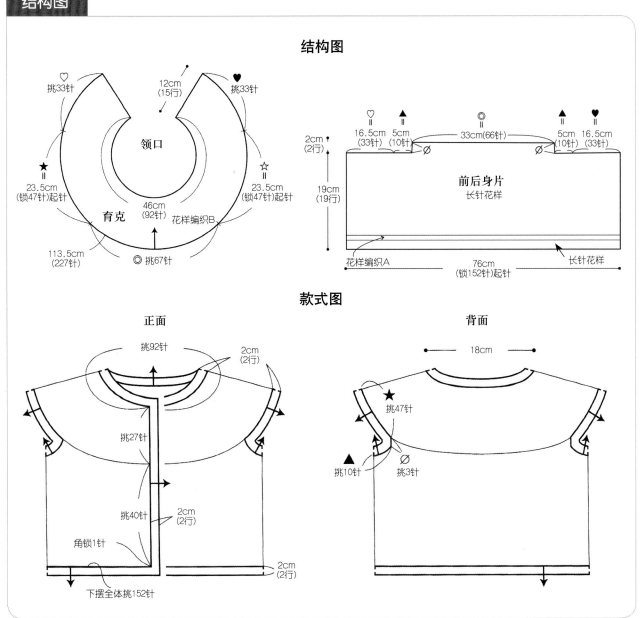

**结构图**

**款式图**

## 织片编织展示图

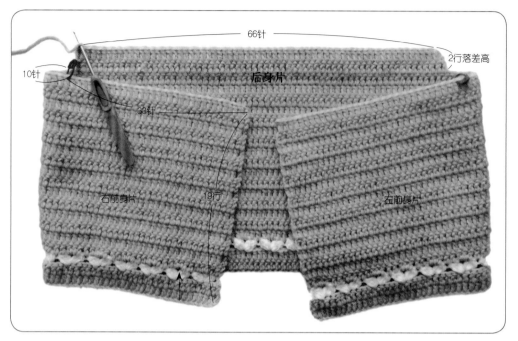

66针

2行落差高

后身片

10针

33针

右前身片

19行

右前身片

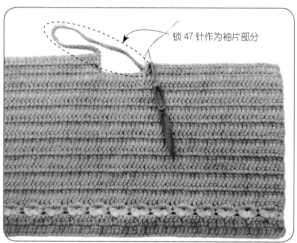

锁47针作为袖片部分

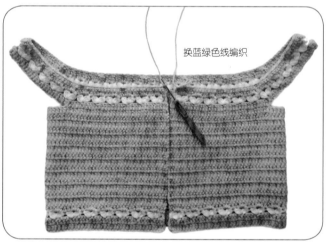

换蓝绿色线编织

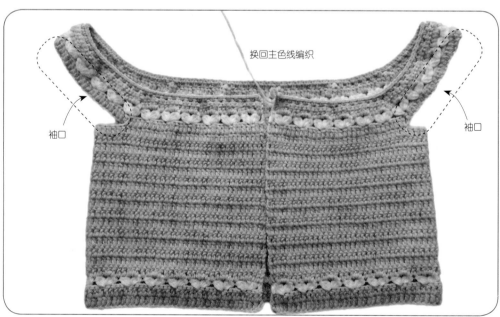

换回主色线编织

袖口

袖口

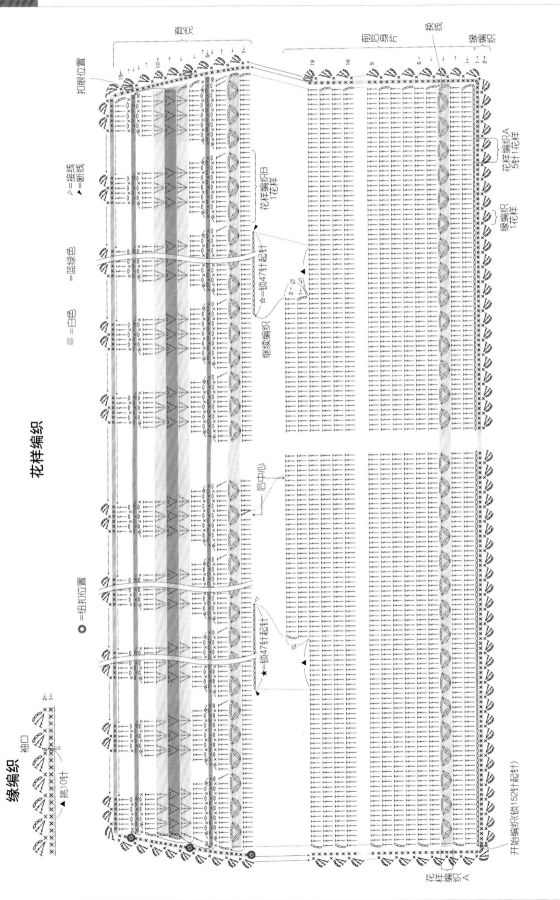

花样编织

缘编织

Lesson 14

配色花样小开衫

# Lesson 15

浅绿清新小开衫

编织方法见

第 079 页

# 浅绿清新小开衫

**材料：**
宝宝棉线中细浅绿色 200g、白色少许，纽扣

**工具：**
3.0mm 钩针、缝合针

**成品尺寸：**
衣长 41.5cm、胸围 71.5cm、袖长 25.5cm

**编织密度：**
请参考花样编织图

**编织方法：**

① 从下摆起 20 花样，按照后身片编织示意图所示进行编织，钩织后片、左右前片均是从下摆起 10 花样，分别依照左右前片编织示意图所示进行钩织，袖片是从袖口起 15 花样，依照袖片钩织方法所示进行钩织。

② 各个织片完成后 将其依次缝合，依照领片的钩织示意图进行钩织。钩织完成后将其扣在缝在领子内侧的纽扣上。

③ 按照口袋的钩织示意图钩织两片口袋，并将其缝到衣身的相应位置。钩织完成后将其扣在缝在领子内侧的纽扣上。

④ 沿着领口、左右衣襟及下摆往返钩织 3 行短针作为缘编织，在袖口也圈钩 3 行短针作为缘编织。钩织完成后将其扣在缝在内侧的纽扣上。

## 结构图

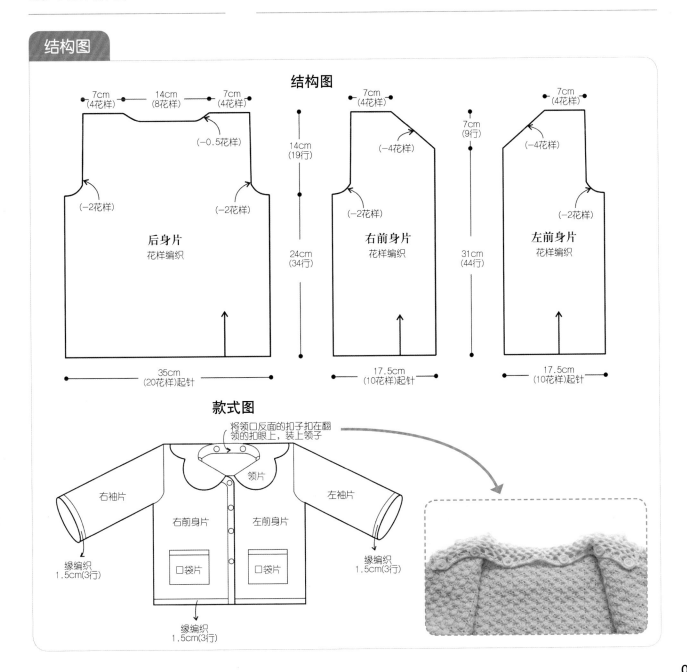

**符号说明**

| | |
|---|---|
| ○ | = 锁针 |
| × | = 短针 |
| ↑ | = 长针 |
| ⋔ | = 长针3针的枣形针 |
| ⊛ | = 狗牙针 |
| ◁ | = 编织开始 |
| ◀ | = 编织结束断线 |

**右前身片花样编织**

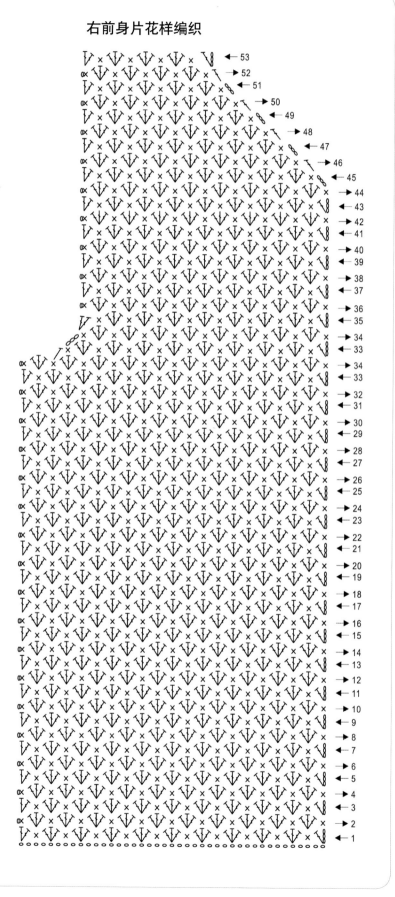

## 左前身片花样编织

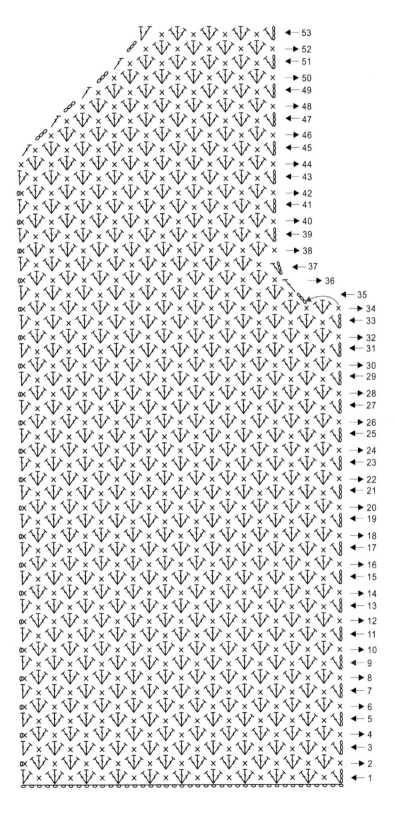

← 53
→ 52
← 51
→ 50
← 49
→ 48
← 47
→ 46
← 45
→ 44
← 43
→ 42
← 41
→ 40
← 39
→ 38
→ 37
→ 36
← 35
→ 34
← 33
→ 32
← 31
→ 30
← 29
→ 28
← 27
→ 26
← 25
→ 24
← 23
→ 22
← 21
→ 20
← 19
→ 18
← 17
→ 16
← 15
→ 14
← 13
→ 12
← 11
→ 10
← 9
→ 8
← 7
→ 6
← 5
→ 4
→ 3
→ 2
← 1

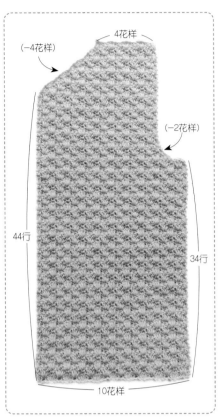

4花样
（−4花样）
（−2花样）
44行
34行
10花样

### 符号说明

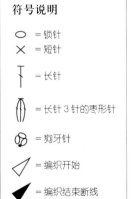

○ = 锁针

× = 短针

┬ = 长针

‖ = 长针3针的枣形针

❀ = 狗牙针

▷ = 编织开始

◀ = 编织结束断线

Lesson 15

浅绿清新 小开衫

浅绿清新小开衫

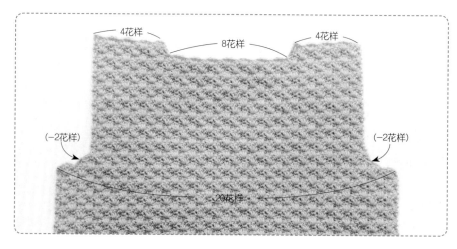

## 后身片花样编织

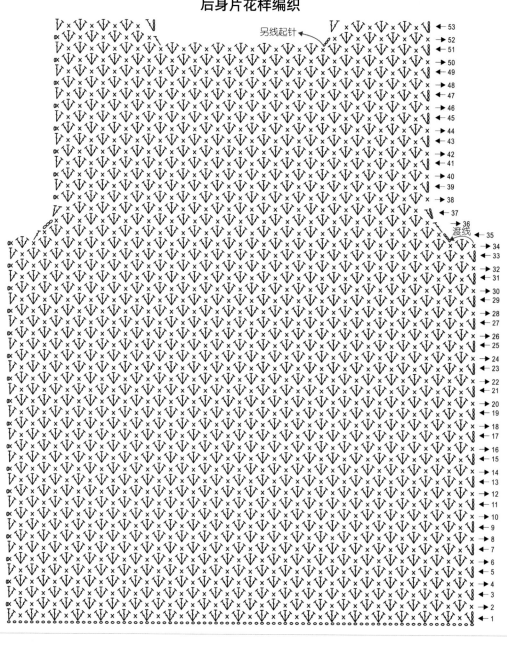

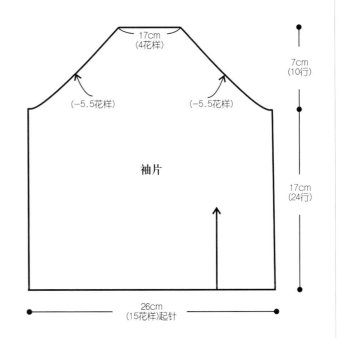

17cm
(4花样)

17cm
（4花样）

（-5.5花样）　　　　（-5.5花样）

袖片

7cm
(10行)

17cm
(24行)

24行

15花样

4花样

26cm
(15花样)起针

### 符号说明

○ = 锁针

× = 短针

† = 长针

⫙ = 长针3针的枣形针

⊕ = 狗牙针

▱ = 编织开始

◀ = 编织结束断线

## 袖片花样编织

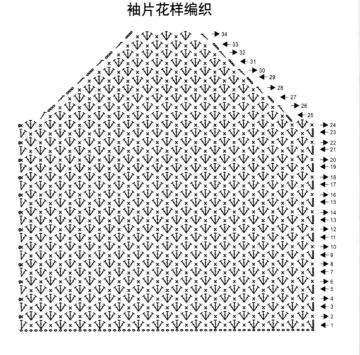

## 口袋花样编织

2枚

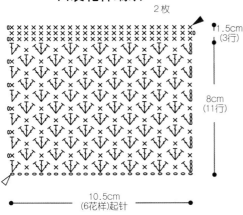

1.5cm
(3行)

8cm
(11行)

10.5cm
(6花样)起针

## 缘编织

领口、衣襟、下摆、袖口、口袋边

0×××××××××××××××××××××××××××××××××××××××× ◀ 3
×××××××××××××××××××××××××××××××××××××××× ×0 ▶ 2
0×××××××××××××××××××××××××××××××××××××××× ◀ 1

## 领片花样编织

扣眼
(利用镂空花样
之间的空隙)

钩织开始处
(辫子针起97针)

8.5cm

36cm

## 结构图

领片

(97针)起针

8.5cm

36cm

## 领片编织平铺图

### 符号说明

| | | |
|---|---|---|
| ○ = 锁针 | | ⊗ = 狗牙针 |
| ✕ = 短针 | | ◺ = 编织开始 |
| ⊤ = 长针 | | ◢ = 编织结束断线 |
| 〩 = 长针 3 针的枣形针 | | |

# Lesson 16

菠萝花围巾

编织方法见

第 086 页

# 菠萝花围巾

**材料：**

中细蕾丝线 蓝绿色 50g

**工具：**

2.25mm 钩针，缝合针

**成品尺寸：**

围巾长 116cm、宽 8cm

**编织密度：**

请参考花样编织图

**编织方法：**

① 锁 1 针起针，依照花样编织图所示钩菠萝花，12 行为 1 组花，共钩织 11 组花。

② 用同色线环形起针钩 10 枚饰花，饰花大小为 3cm，1 枚化样钩 2 圈。

③ 用缝合针将饰花一枚枚分别固定在每 1 组菠萝花主体连接处，完成。

## 结构、花样图

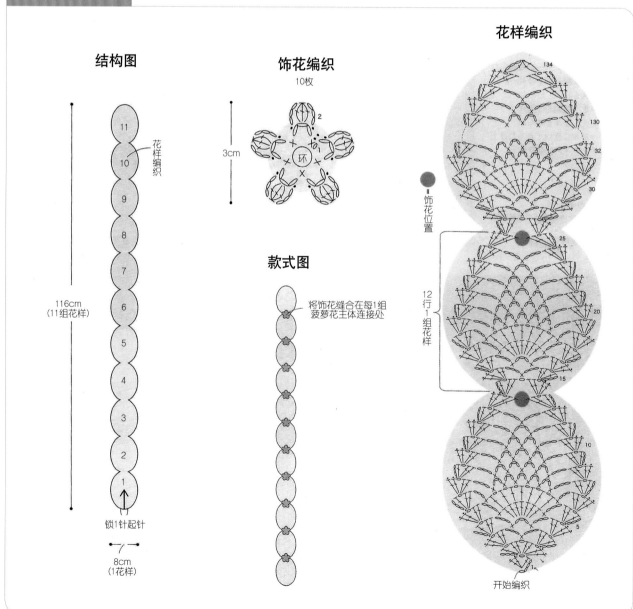

**结构图**

11
10 — 花样编织
9
8
7
6
5
4
3
2
1

116cm
（11组花样）

锁1针起针

8cm
（1花样）

**饰花编织**

10枚

3cm

环

**款式图**

将饰花缝合在每1组
菠萝花主体连接处

**花样编织**

134
130
32
30
25
20
15
10
5
1

饰花位置

12行1组花样

开始编织

## 花样编织步骤图

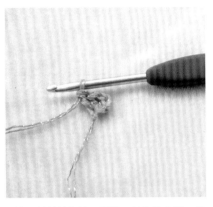

1 钩 1 针锁针起针，再锁 3 针作为立针，接着在起针的锁针针圈内钩出 1 针长针、1 针锁针、2 针长针。

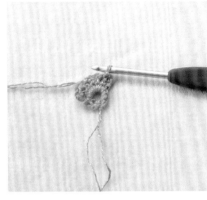

2 在上一行最后 3 针上分别引拔 3 针，接着钩 3 针锁针作第 2 行的立针，再按图解符号进行钩织。

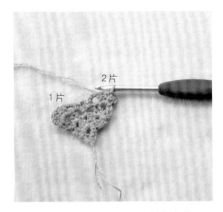

3 继续按图解钩织第 3 行，这样就变成了 2 片花。

4 第 5 行按图解钩织后，变成了 3 片花。

5 图为第 6 ~ 12 行钩织完成的状态。

6 开始钩织最后 1 组菠萝花的最后 1 行。

7 所有菠萝花主体钩织完成，断线结束钩织。

8 钩 10 枚装饰花朵。

9 用缝合针将装饰花缝在每 1 枚菠萝花主体连接处，完成作品。

# Lesson 17

蕾丝花边围巾

编织方法见

第 089 页

# 蕾丝花边围巾

**材料：**
3 号蕾丝线橘色 100g、棕色少许

**工具：**
2.0mm 钩针

**成品尺寸：**
围巾长 142cm、宽 11.5cm

**编织密度：**
请参考花样编织图

**编织方法：**

①如图所示，从下侧起点处锁针起针，按花样编织图解进行编织，12 行 1 组花样共钩 11 组花样，完成主体部分。

②主体花样完成后不断线继续按图解钩缘编织 B，共 1 行。接着转角按图解所示钩缘编织 A，共 2 行。

③最后钩 30 个锁针作为饰带，共 2 根，饰球共 4 个。将饰带两端各缝上 1 个装饰球，再将饰带固定在围巾的起点和终点两端处。

## 结构图

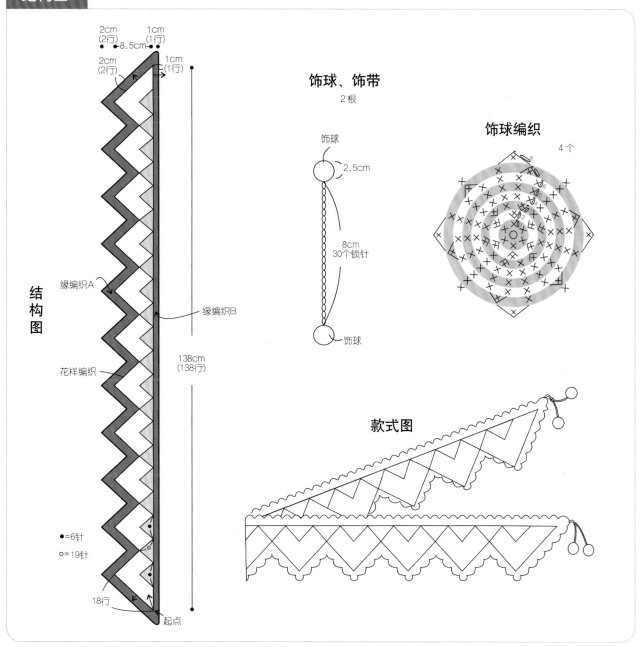

结构图

饰球、饰带
2 根

饰球编织

款式图

## 主体部分织片展示

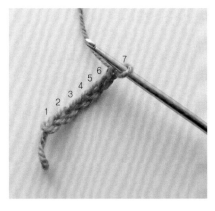

1 钩7针锁针，开始主体花样编织。

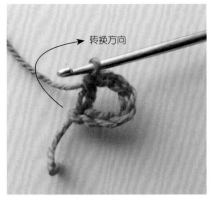

2 第1行，在第1个锁针处入针钩1针长针，如箭头所示转换织片方向。

3 第2行，接着钩5针锁针（3针立针，2针网格辫子）、1针长长针、2针辫子、1针长长针，转换织片方向。

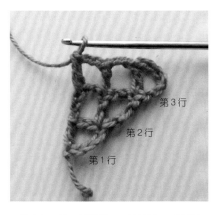

4 第3行，钩6针编织、1针长针、2针编织、1针长针、2针辫子、1针长针，图为第3行完成状态。

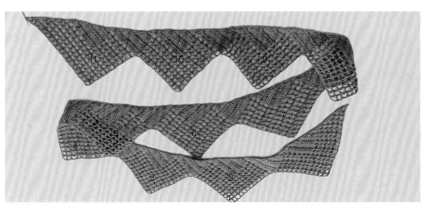

5 依照花样图解所示，12行为1组花样，重复钩11组，完成主体部分。

饰球

饰带

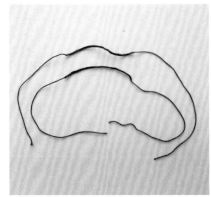

缝合后的状态

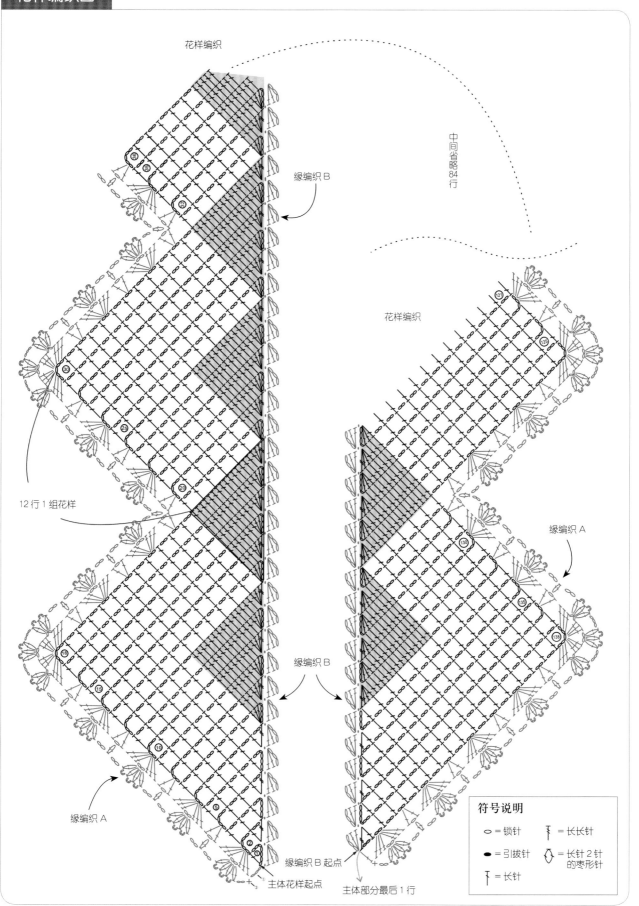

花样编织

缘编织B

中间省略84行

花样编织

12行1组花样

缘编织A

缘编织B

缘编织A

缘编织B起点

主体花样起点

主体部分最后1行

**符号说明**

○ = 锁针　　　　　 $\mathsf{T}$ = 长长针

● = 引拔针　　　　 ◇ = 长针2针
　　　　　　　　　　　　的枣形针

$\mathsf{T}$ = 长针

Lesson 18

黄色淡雅短袖开衫

编织方法见

第 094 页

# 黄色淡雅短袖开衫

**材料：**

3 号蕾丝线 柠檬黄色 285g

**工具：**

3.0mm 钩针、缝合针

**成品尺寸：**

衣长 58cm、胸围 94cm、肩袖长 20cm

**编织密度：**

花园编织 A 43 针 ×20 行 /10cm
花样编织 B 请参考花样编织图

**编织方法：**

①育克：整衣从领口起针往下钩，起 157 针，共 78 组花，按图解编织育克部分。然后开始分袖口，左、右袖片分别留 18 组花样 A。

②身片：后身片 24 组花样，左、右前身片各 9 组花样用 30 锁针（5 组 5 长针花样）连接前、后身片，钩 6 行花样 A 再钩 64 行花样 B。

③袖子：袖口留针 18 组花样，腋下加针 5 组，共 23 组，钩 10 行花样 A。

④衣襟：衣襟钩 16 行花样 A，左、右襟对称钩织。

⑤包扣：在塑料圈上钩 1 圈短针，然后用缝合针 1 对 1 对向交叉穿线，直至所有针数都穿完，包扣完成。

## 结构图

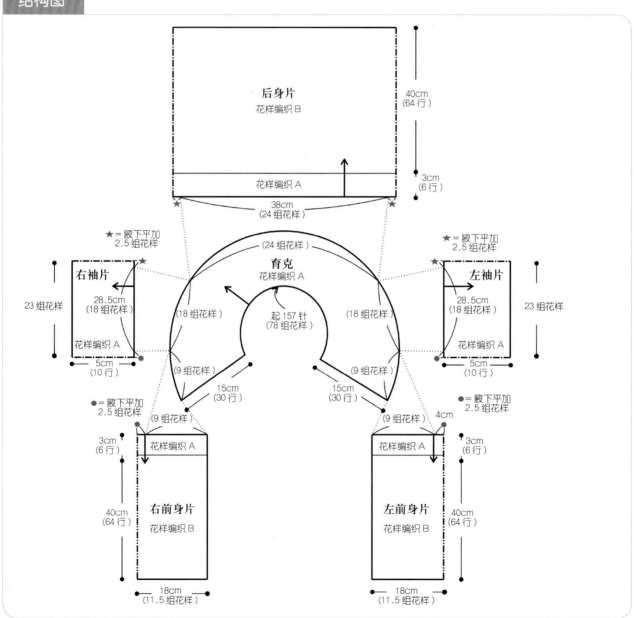

后身片
花样编织 B

40cm
(64 行)

花样编织 A

3cm
(6 行)

38cm
(24 组花样)

★ = 腋下平加 2.5 组花样

★ = 腋下平加 2.5 组花样

右袖片

28.5cm
(18 组花样)

23 组花样

花样编织 A

5cm
(10 行)

育克
花样编织 A

(24 组花样)

(18 组花样)

起 157 针
(78 组花样)

(18 组花样)

左袖片

28.5cm
(18 组花样)

23 组花样

花样编织 A

5cm
(10 行)

(9 组花样)

(9 组花样)

15cm
(30 行)

15cm
(30 行)

● = 腋下平加 2.5 组花样

(9 组花样)

(9 组花样)

4cm

● = 腋下平加 2.5 组花样

3cm
(6 行)

花样编织 A

花样编织 A

3cm
(6 行)

40cm
(64 行)

右前身片
花样编织 B

左前身片
花样编织 B

40cm
(64 行)

18cm
(11.5 组花样)

18cm
(11.5 组花样)

# 育克花样编织图

## 育克部分及分袖

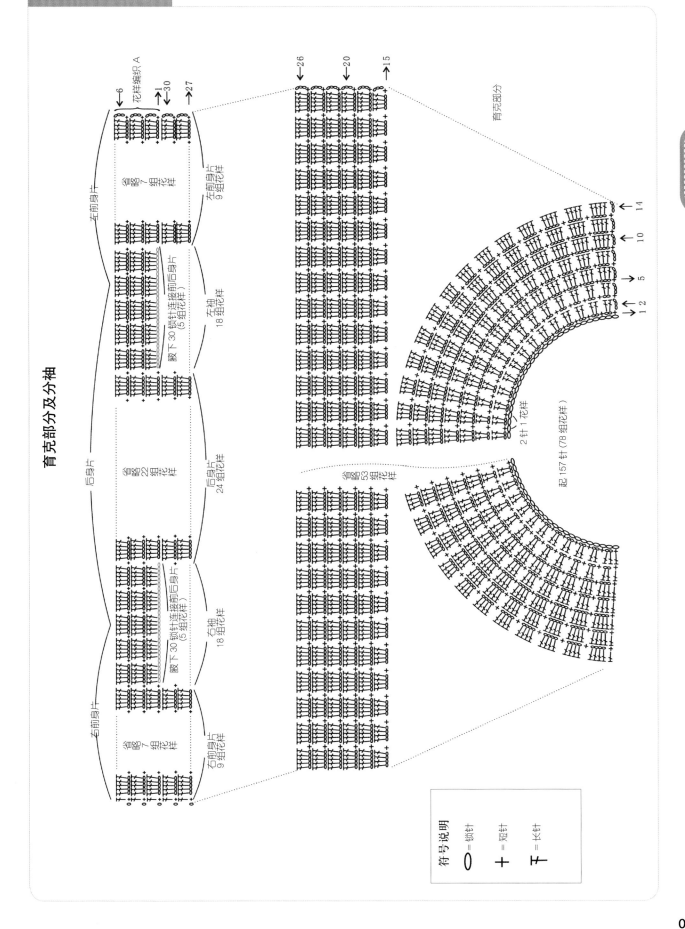

符号说明

〇 =锁针

+ =短针

干 =长针

## 织片编织展示图

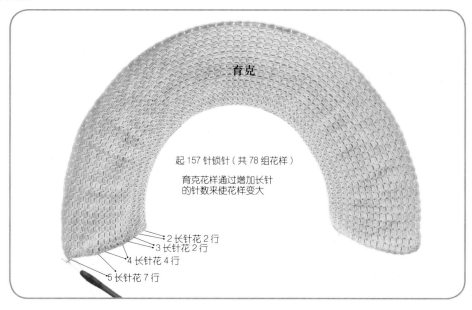

育克

起 157 针锁针（共 78 组花样）

育克花样通过增加长针
的针数来使花样变大

2 长针花 2 行
3 长针花 2 行
4 长针花 4 行
5 长针花 7 行

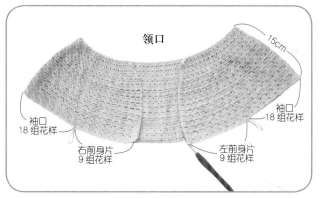

领口

15cm

袖口
18 组花样

袖口
18 组花样

右前身片
9 组花样

左前身片
9 组花样

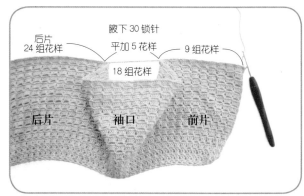

腋下 30 锁针

后片
24 组花样

平加 5 花样

9 组花样

18 组花样

后片

袖口

前片

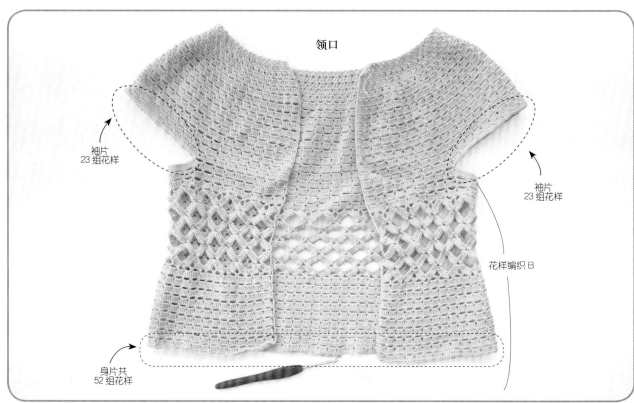

领口

袖片
23 组花样

袖片
23 组花样

花样编织 B

身片共
52 组花样

## 花样编织 B

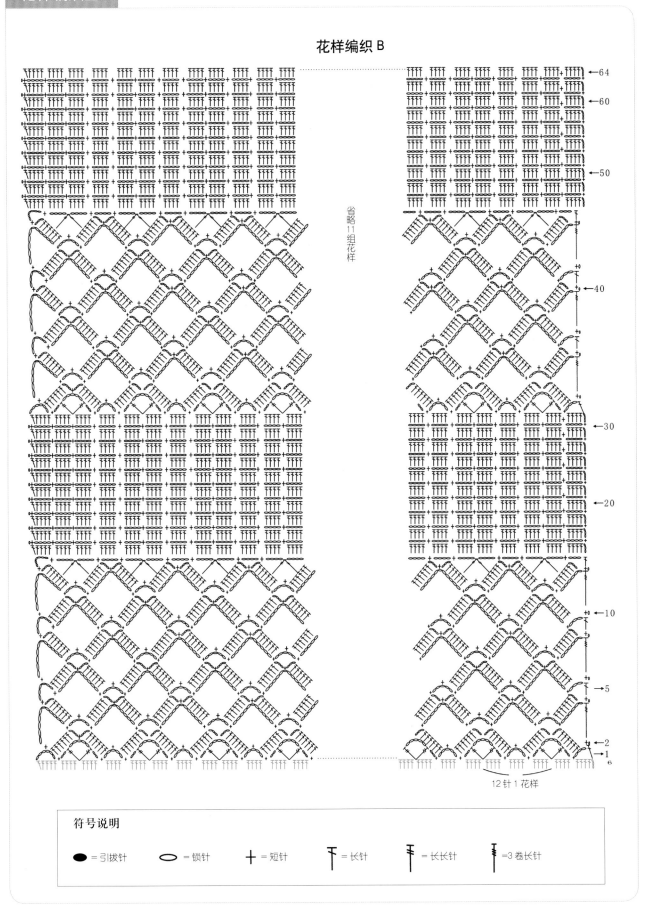

←64

←60

←50

省略11组花样

←40

←30

←20

←10

→5

→2

→1

12针1花样

### 符号说明

● =引拔针　　○ =锁针　　十 =短针　　∓ =长针　　∓ =长长针　　∤ =3卷长针

Lesson 18

黄色淡雅短袖开衫

## 花样编织 A

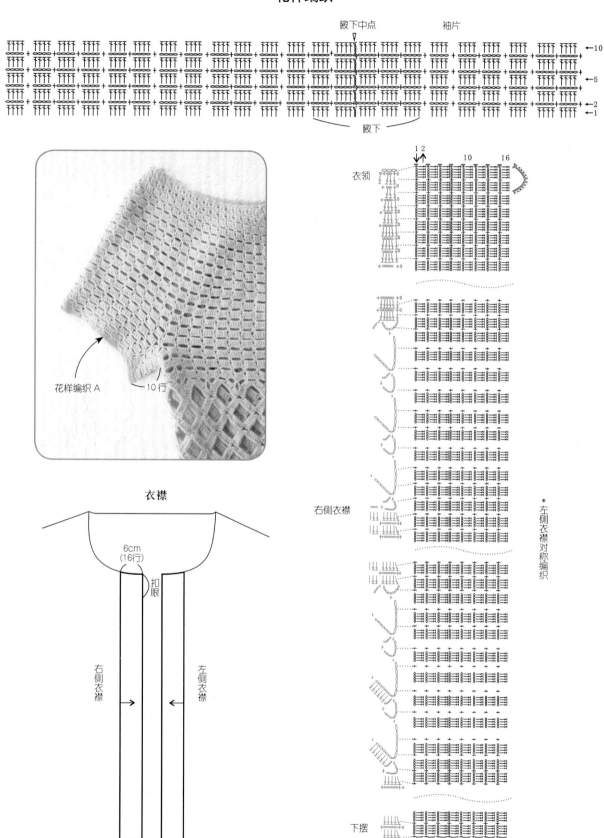

腋下中点　　　袖片

←10

←5

←2
←1

腋下

衣领

1 2　　　　　10　　　16

花样编织 A ——10行

衣襟

6cm
(16行)

扣眼

右侧衣襟

左侧衣襟

右侧衣襟

*左侧衣襟对称编织

下摆

## 包扣交叉穿线步骤

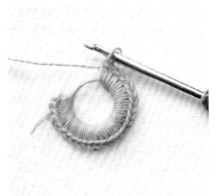

1 沿塑料圈钩 1 圈短针。

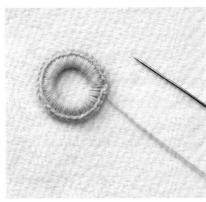

2 换缝针从对侧穿入。

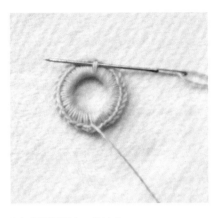

3 如图所示穿入，并拉出。

4 用缝针 1 对 1 对向交叉穿线。

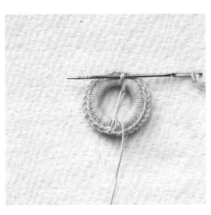

5 继续在下 1 针穿入，完成对向交叉穿线。

### 包扣交叉穿线示意图

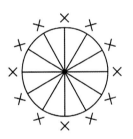

6 重复进行对向交叉穿线，直至所有短针上都完成交叉穿线。

7 图为交叉穿线完成的状态。

韩范蓝色长裙

编织方法见

第 102 页

# 韩范蓝色长裙

**材料：**

细亮丝棉线 蓝绿色 410g

**工具：**

3.5mm 钩针

**成品尺寸：**

裙长 76cm、胸围 54cm、
肩袖长 44cm

**编织方法：**

① 整件衣服用双股细棉线钩织，从领口起针往下圈钩。

② 起 216 针辫子，按育克花样图解钩 18 组菠萝花（花样 B），每组 12 针。育克菠萝花样 17 行结束后，再钩 5 行 5 辫子的渔网针，共钩 22 行，开始进行分袖。前、后裙片各 6 个花样（30 个网眼），袖片各 3 个花样。

③ 不断线直接开始身片花样 A 的钩织，腋下左右各加 20 针辫子，将前后裙片相连圈钩。不加不减钩织花样 A 84 行。最后钩 1 行缘编织 B 结束。

④ 袖口钩织 1 行缘编织 B，最后将领口按图解钩 1 行缘编织 A，完成。

## 结构图

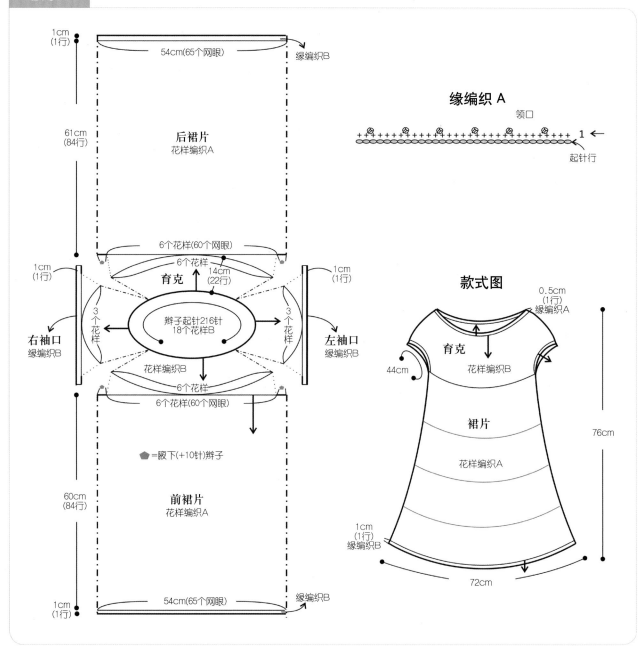

## 育克

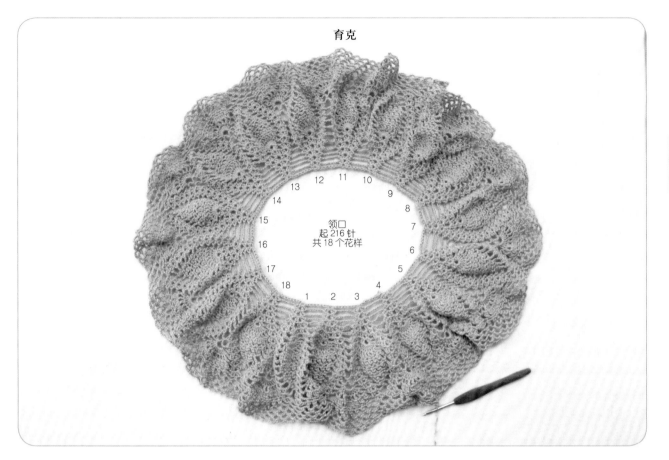

领口
起216针
共18个花样

13 12 11 10
14 9
15 8
16 7
17 6
18 5
1 2 3 4

## 裙片

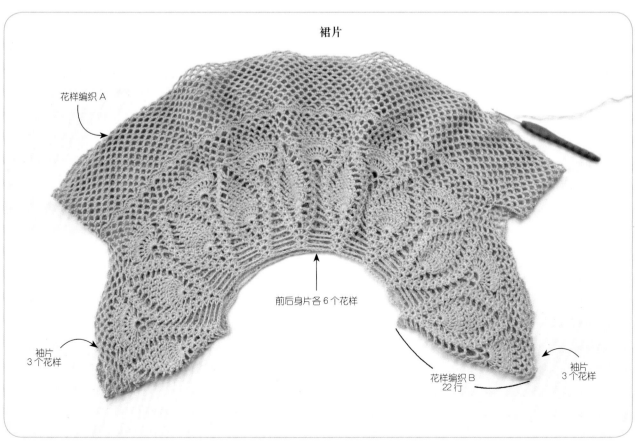

花样编织 A

前后身片各6个花样

袖片
3个花样

花样编织 B
22 行

袖片
3个花样

## 符号说明

+ =短针

T =中长针

$\mathsf{\bar{T}}$ =长针

$\mathsf{\bar{\Lambda}}$ =中长针2针的枣形针

$\mathsf{\bar{X}}$ =变形的中长针2针的枣形针

○ =锁针

● =引拔针

⟶ =编织方向

$\widehat{+5+} = \widehat{\phantom{m}}$

■ 颜色数字代表辫子的数量

○ 圆圈内数字代表编织的行数

腋下加 20 针辫子针

花样编织 B

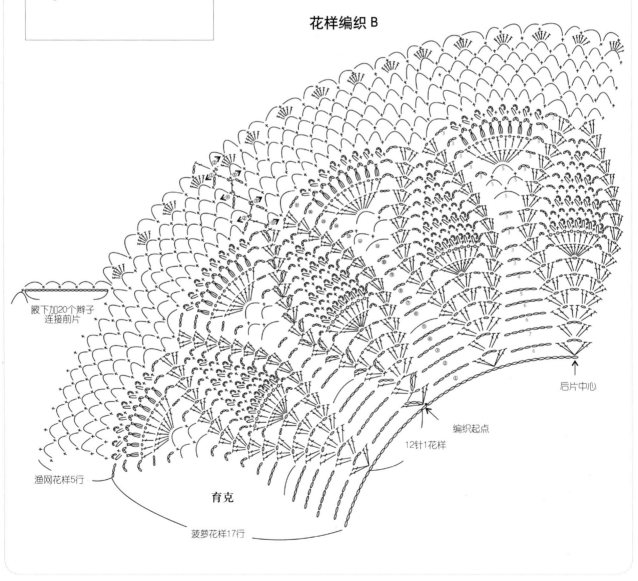

腋下加20个辫子
连接前片

后片中心

编织起点

12针1花样

渔网花样5行

育克

菱萝花样17行

## 花样编织 A、缘编织 B

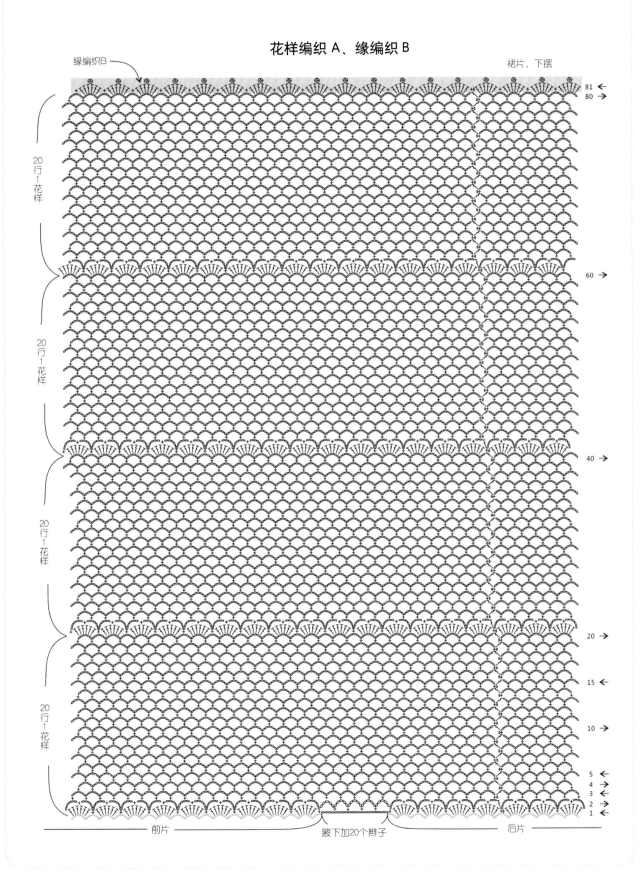

缘编织B

裙片、下摆

20行1花样

20行1花样

20行1花样

20行1花样

81
80
60
40
20
15
10
5
4
3
2
1

前片

腋下加20个辫子

后片

# Lesson 20

米色冰释小衫

编织方法见

第108页

# 米色冰释小衫

**材料:**

中细亮丝棉线 米色 2 股 350g

**工具:**

3.0mm 钩针

**成品尺寸:**

衣长 62cm、胸围 92cm、
肩袖长 30cm

**编织方法:**

① 从领口起针开始往下编织,起 14 组花,按育克花样图所示加针,共加 8 次,加针结束后开始分袖。

② 花样的分配分别是:前、后身片各 4 组花,左、右袖片各 3 组花,腋下锁 20 针加针。

③ 接着按图解所示圈钩前、后身片,再圈钩左、右袖片,袖口和领口分别钩 3 行短针 1 行渔网针的缘编织。

④ 起 3 针,钩 210 行作为腰绳,再分别钩 2 个穗套,制作 2 个穗子,先把腰绳规则地穿过衣服腰下方的孔洞,再把穗子装在腰绳的两端,完成。

## 结构图

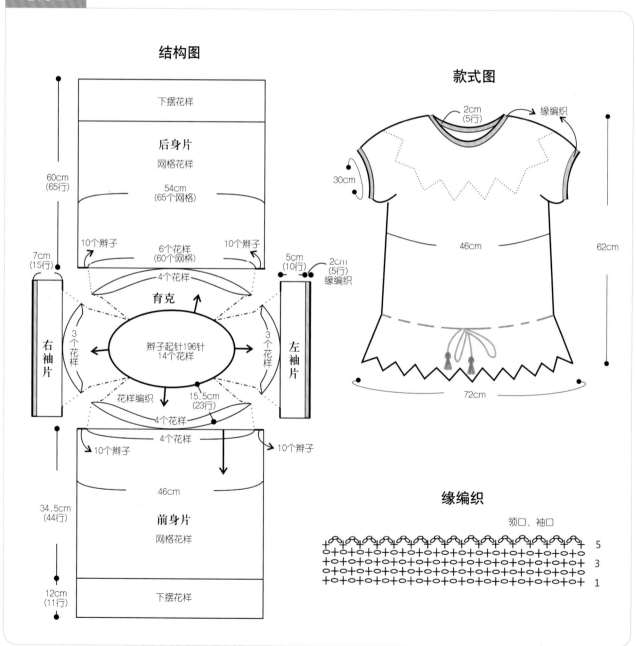

**结构图**

下摆花样

**后身片**
网格花样

54cm
(65个网格)

60cm
(65行)

10个辫子　6个花样
(60个网格)　10个辫子

7cm
(15行)

4个花样

5cm
(10行)

2cm
(5行)
缘编织

**育克**

**右袖片**

3个花样

辫子起针196针
14个花样

3个花样

**左袖片**

花样编织　15.5cm
(23行)

4个花样

4个花样

10个辫子

10个辫子

46cm

34.5cm
(44行)

**前身片**
网格花样

12cm
(11行)

下摆花样

**款式图**

2cm
(5行)

缘编织

30cm

46cm

62cm

72cm

**缘编织**

领口、袖口

5

3

1

108

## 育克花样编织

后片

插肩加针

左袖片

插肩加针

右袖片

插肩加针

插肩加针

前片

**符号说明**

○=锁针　　╳=短针

●=引拔针　　⌒=⌢

┃=长针　　V=长针1针编出2针

领口
起196针
（14花样）

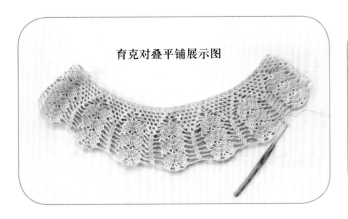

育克对叠平铺展示图

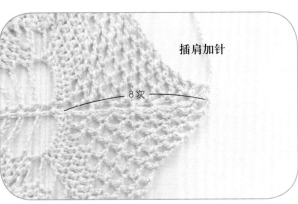

插肩加针

8次

109

## 插肩加针及腋下加针图解

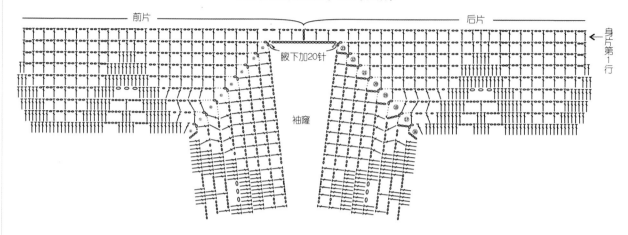

## 腋下加针展示图

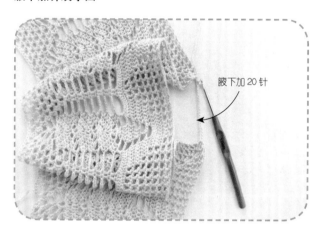

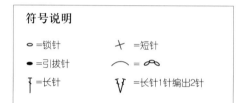

腋下加20针

**符号说明**

| | |
|---|---|
| o =锁针 | X =短针 |
| ● =引拔针 | ⌒ = ∞ |
| ↑ =长针 | V =长针1针编出2针 |

## 袖片花样编织

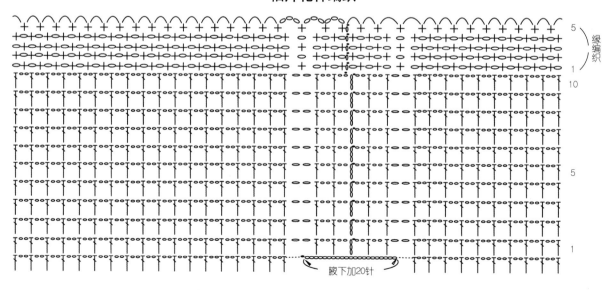

腋下加20针

## 身片花样编织

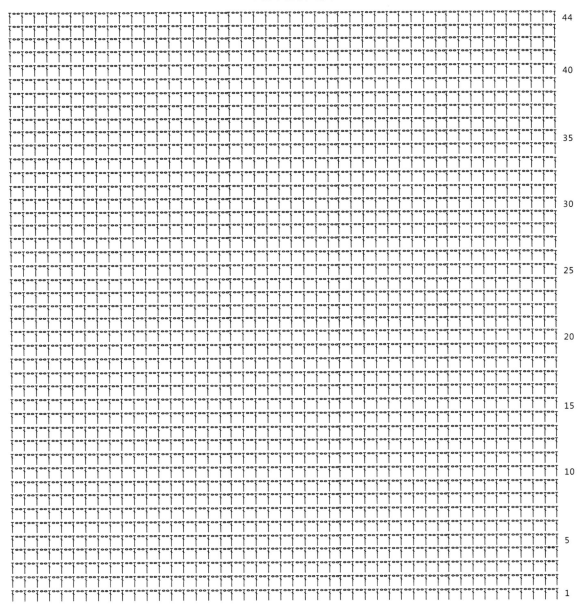

44

40

35

30

25

20

15

10

5

1

## 下摆花样图解

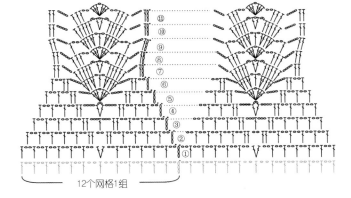

⑪
⑩
⑨
⑧
⑦
⑥
⑤
④
③
②
①

12个网格1组

### 符号说明

| | | | |
|---|---|---|---|
| ○ =锁针 | | ✕ =短针 | |
| ● =引拔针 | | ⌒ = ∞ | |
| ┬ =长针 | | V =长针1针编出2针 | |

## 腰绳编织

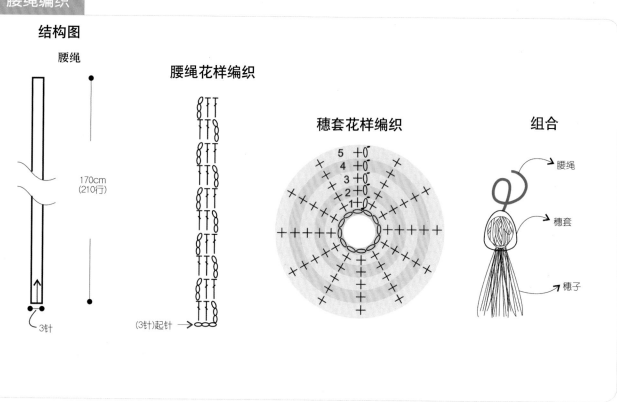

### 结构图

腰绳

170cm
(210行)

←3针

### 腰绳花样编织

(3针)起针→

### 穗套花样编织

5
4
3
2
1

### 组合

腰绳

穗套

穗子

### 腰绳装饰示意图

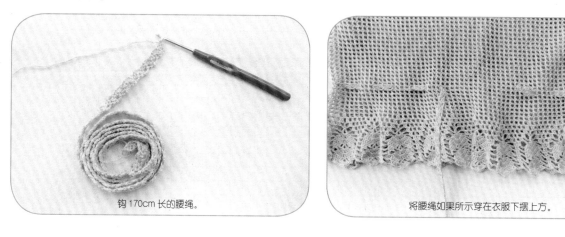

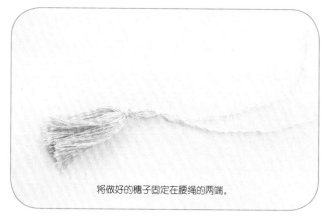

钩170cm长的腰绳。

将腰绳如果所示穿在衣服下摆上方。

将做好的穗子固定在腰绳的两端。

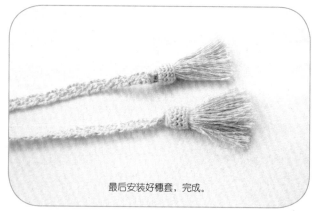

最后安装好穗套，完成。